我才不要差不多的人生

妙芙 著

民主与建设出版社
·北京·

图书在版编目(CIP)数据

我才不要差不多的人生 / 妙芙著. -- 北京：
民主与建设出版社，2017.10（2024.6重印）

ISBN 978-7-5139-1730-8

Ⅰ.①我… Ⅱ.①妙… Ⅲ.①人生哲学－通俗读物
Ⅳ.①B821-49

中国版本图书馆CIP数据核字（2017）第237746号

我才不要差不多的人生

WO CAI BU YAO CHA BU DUO DE REN SHENG

著　　者	妙　芙	
责任编辑	刘　艳	
出版发行	民主与建设出版社有限责任公司	
电　　话	（010）59417747　59419778	
社　　址	北京市海淀区西三环中路10号望海楼E座7层	
邮　　编	100142	
印　　刷	三河市同力彩印有限公司	
版　　次	2017年11月第1版	
印　　次	2024年6月第2次印刷	
开　　本	880mm×1230mm　　1/32	
印　　张	6	
字　　数	190千字	
书　　号	ISBN 978-7-5139-1730-8	
定　　价	48.00 元	

注：如有印、装质量问题，请与出版社联系。

勇敢走下去，
成为你想要的样子

已然忘了是什么时候，和小妙芙成为微信好友的。

虽然加了微信，我们之间的联系依然很少，几乎没有交集。我只知道她是一个喜欢写作的女孩子，在"片刻"首页经常能看到她的文章；她在象牙塔里上学，每天泡在图书馆里学习、背英语单词，等待考研的到来；她钟爱蛋糕、甜点，却努力在减肥。

其间，要出版自己的第一本书时，她询问过我一些关于出版的问题，然后再没做深入交谈。直到有一天，她在微信上问我能为她的书写序吗？说这是我们之前约定好的。

手机屏幕的另一端，我冷汗直流，说来惭愧，对于这个约定，我已经没有了印象。同时也让我发现，记忆力的衰退真的会随着年纪增大，越来越明显。

随后我让她把书稿发我邮箱，我每天在上下班的地铁里，用手机一点点、一字不落地看完。那些欢笑与泪水、失落与忧伤、努力与坚持、成长与收获，真实而真诚、不刻意、不做作，那就是她的青春和成长，那就是她经历过的嬉笑怒骂的人生。

与书稿一同发来的，还有她的个人简介。直到这一刻，我才第一次知道她的真名。

原来她叫"曾诚"，一个很男孩子的名字，而且还与国足现役门将同名，更显阳刚和男子汉气概，但我还是习惯了叫她"小妙芙"。

"爱美少年也爱读书。写点不入流的文章，以自省，以记录成长、沿途听来的故事以及滚滚红尘中的感动和澄澈……愿你在我的文字里获得陪伴和与这个冷冰冰的世界对抗的勇气和善良，若有几句话能产生共鸣，祝你发现另一个自己。"她的介绍与我想象中的她完全符合——个性独特，敢爱敢恨，独立思考，敢写敢言，有思想内涵。

而她笔下的文字，也是她性格最直观的印证。她书写得更多的是发生在校园里的故事，关于友情和爱情，关于成长和成熟，与她的经历和身边人的经历相关。还有一些书评和影评，关于社会现实的洞察和人性的审视。

看完电子书稿，收起手机，走出地铁的那一刻，我仿佛刚从大学校园里走出来。书里的场景、男女主人公的经历、人物的对白、每个人内心的想法，这一切都似曾相识，好似发生在昨天。原来，各自的青春里，都下过一场叫"涉世未深但初生牛犊不怕虎"的雨。

小妙芙从来不掩饰自己，对于爱情，她直言不讳："我就是喜欢好看阳光有趣又善良的男孩子啊，我应该得到。如果遇不着，那也没有什么遗憾的，在成长的过程中，我已经有了强大的内心，我自己足够有趣，无须他人陪伴。"

对于友情，她更是珍视："经历了那么多后，才发觉，爱情不过是鸡肋，而真正的友情才是生命。春林初盛，春水初生。即使远在天涯，依然相知在心，春风十里，不如你。"

安妮宝贝在《眠空》里曾说过："一个写作者对自己的第一本书，总有矛盾心理。不想回头看望它，也无心把它拿出示人。别人偶尔提起心里有羞愧之意。一段百味杂陈的过往，如同并不值得赞颂的初恋。过程很肤浅，很多细节都已忘却，不是理所应当的那种深刻。但它是个印记。很多第一次都不是那么完美或荣耀，但却是出发和实践的象征。"

从一个喜欢在各个平台写作的小女孩，到出版自己的第一本书，小妙芙已经稳健地迈出了自己的第一步。她用自己的实际行动、努力和坚持，向同龄人广而告之——不管身处何地，你都可以做你自己，成为想成为的样子。

文字是作者与读者内心交流的最直接桥梁，也是作者内心情感最直白的流露。一如七堇年所说："文字成为某种呐喊，由此，我才能沉默地生活。"对此，小妙芙的理解是："读者像过客，来来往往，获得一二知音，三四赞同，便深感知足和惜福"。

很欣喜和欣赏她的这种心态，就像她跟我坦言："以后会跳开鸡汤文和励志文，写出更有深度的东西。"我期待这一天的到来，我相信这一天会很快到来。

不管是欲言又止的相似经历、感同身受，抑或是如人饮水，冷暖自知。不管是愿无岁月可回头，还是且以深情共余生；不管是书写的她的故事，还是记录同龄人的故事，纸上相遇，即是机缘。

考上人大的小妙芙，往后还有很多的文字要写，还有很多的路要走，还会遇见爱情，结识新朋友，也会经历磨难，在现实与梦想之间来回抉择，祈愿并祝福她和看到她书里文字的每一个你们——"愿孤单的人不必永远逞强，愿逞强的人身边永远有个肩膀，愿肩膀可以接住你的欢喜哀伤，愿有情人永生执手相望"。

韦宇教

2017年4月17日于北京

目录
CONTENTS

第一辑 CHAPTER 01
我要的人生差一点都不行

第二辑 CHAPTER 02
我要成为自己的太阳

目录
CONTENTS

第四辑 CHAPTER 04
我们曾相逢，又都说再会

目录
CONTENTS

第六辑 CHAPTER 06
不是所有的鱼都生活在同一片海里

我要的人生
差一点都不行

———————●———————

第一辑

你只有见过了更大的世界，

才会知道自己在井底看到的那片天空是多么窄小；

你只有看过了更美的风景，

才会懂得自己本守着的那朵野花有多无奇。

我真的不想要差不多的人生，

我要只属于我自己的人生。

你只有见过了更大的世界，才会知道自己在井底看到的那片天空是多么窄小；你只有看过了更美的风景，才会懂得自己本守着的那朵野花有多无奇。

我不要差不多的人生

下班回来，我正对着电脑注册新生信息，闺蜜给我发来一段消息。

她在微信里说："你知道吗，我被迫回家相亲了"。

我一愣，因为她和我年龄相仿，还没有到经历大龄未婚青年危机的时候，对于终身大事，何至于如此匆忙呢。她接着说："我爸说女孩子过了25岁就没人要了，就嫁不出去了"。

那一刻，我心底里生出来一股苍凉之感。即便亲密如父母，依然会把女孩子的价值和年龄挂钩。如果女儿年龄大了一些还没有嫁出去，父母就觉得自己仿佛做了什么见不得人的事情，在亲戚邻里面前都抬不起头来。而作为孩子，在最好的年龄里，不得不被推着赶着去恋爱相亲去见一个又一个明码标价的相亲对象。

家庭条件匹配，彼此没什么意见，就定亲结婚摆宴，然后羞涩着在一片喜庆和喧闹中接受众人"早生贵子"的祝愿。就此一脚踏入油盐酱醋茶的生活里，买菜做饭，上班下班，有了孩子之后接送孩子，这样相夫教子的生活，一眼望得到头。看到有的人依然如风一般滋润，也许当事人偶尔也会觉得乏味，但见周围大部分人都是这么活着，大家都差不多，便安慰自己，平淡也有平淡的好。

因为，大多数人都过着差不多的人生。大家每天上着差不多的班，坐着差不多的公交车，穿着差不多的衣服，听着差不多的歌，交着差不多的朋友，熬着差不多的夜，打着差不多的游戏，做着差不多的发达梦，执行的时候打着差不多的哈哈敷衍。

一个正在复习考研的学妹向我讨教经验的时候说了一下自己的感慨："学姐啊，我有时候在想，我为什么考研呢，考上了要找工作然后结婚生孩子然后再盼着孩子光宗耀祖……考不上也是要找工作然后生孩子……这样一想感觉人生好无聊啊。"

我也曾经想过这样的问题，顿觉得人生无望，极度无趣，非常厌世，甚至想隐避俗世在深山大庙里了此余生。但是转而一想，我经历了中考和高考，度过了那么多个挑灯夜战的日子，艰辛跋涉，一路奔波，才成为现在的自己，难道就因为要过和别人差不多的生活而胆怯而退缩了吗？

相比较于从前，我已经变好了很多，我也去过很多我同学没有去过的地方，也见识了更厉害的人。我为什么不能，再继续努力，去看更广阔的世界，去争取更大的自由，去过上更好的生活？

打算考研的时候，我也曾经左右摇摆，也曾对一些工作机会蠢蠢欲动，想赶快经济独立和自由。我妈知道了我的想法以后，只对我说了几句话："不考研的话，找一份工作，几年后结婚生子，就这样一辈子很快就过去了；考研的话，得到的绝不是更高的平台那样简单，你的一切，都会改变。"

有人说，不考研我也过得很好啊。我的朋友很年轻就结了婚生了孩子也很幸福啊。

每个人有各自的追求，幸福如同悲伤一样，是无法提取的东西，也是不可测量的虚幻之物。最怕你一生碌碌无为，还安慰自己平凡可贵。

就像我选择考研，只是想给自己争取一个机会，一个在以后变得更强变得更有自主权的机会。距离考试还有三四天，背了几十遍的专业课依然有不熟悉的地方，而我自己的那个目标，那么高那么远，越往前走，反而看不到光。压力巨大，我躲在宿舍的被子里号啕大哭。为什么哭呢。一是觉得自己考不上，配不上那些更美好的事物，二是觉得人生太苦了，我拼尽全力，只是为了当一个这世界里有点不一样的过客。哭得失魂落魄，最后还是爬起来去考了两天试，答题答到手指红肿抽筋。

那些纷飞的不想妥协的眼泪啊。

我都记得。

只是想过上一点点和别人不一样的人生，而这一点不一样，不是在身上打孔穿耳钉来标新立异，不是奇装异服博取眼球，也不是作跳梁小丑来获取关注度，而是可以由自己掌控的人生。我必须知道自己想要的是什么，要去做什么。我的工作，我的事业，我的婚姻，要靠我自己做主，我要自己说了算；我的喜怒哀乐，都和自己有关，不依附也不捆绑在任何人身上。声色犬马和少年意气，我都要。而这肆意人生的前提是自己要非常非常努力，有姿色也有资本，有感性也不缺理智。

你只有见过了更大的世界，才会知道自己在井底看到的那片天空是多么窄小；你只有看过了更美的风景，才会懂得自己本守着的那朵野花有多无奇。

所有的努力都有一个天下大同的答案，那就是：我真的不想要差不多的人生，我要只属于我自己的人生。

25岁再不嫁就嫁不出去啦！

"我这么好，又这么美，还有钱，没人配得上我。"

愿你有一天能用上这句话。

一个人越成长越觉得很多东西不必看得太重，比如外界对你的期望，比如无关紧要的人对你喜欢与否。过分看重就会让你迷失自我，仅仅是活出了他人帮你定义的成功。为了讨好别人。踮着脚尖改来改去，而被别人绑架了人生。一路走下来，才明白真正的魅力不是你应该因为谁而变成谁，而是你本身是谁。

你真的会遇见对的人吗

"你可以继续孤单一人，想念你曾拥有的；也可以抛下过去，迎接崭新和美好的未来。"

在我倍受煎熬难过的那段时间里，我的很多朋友安慰我，"你总会遇见对的人的。"这种安慰的话或许会对处于谷底的我起一点作用，清醒之后再看这句话，什么叫作"对的人"？所谓的"对的人"真的会来到吗？

我知道，曾经坚持过的故事，不必再提，没有人在意。向前看，我也并不确定我就能遇见所谓的对的人。

想过要迎接新的生活，面对新的喜欢我的人除了有一份感激之外，还有一份不能报以同等喜欢的内疚。

想重新谈成一段成功的恋爱，除了我喜欢你，凑巧你看我也顺眼，彼此的在乎程度还得在同一水平线上。还需要长期的信任、尊重、了解、礼让、包容、沟通、忠诚、体贴、耐心、责任心。还需要价值观，世界观，家庭观一致，还有……算了，这样一想感觉一个人也挺好的呢。

在网上看多了安慰失恋的人的帖子，翻来覆去总是告诉那些人要继续相信爱情相信下一个会更好。

我在想，现实真的是这样吗？那为何还有失恋之后再谈恋爱然后再分手的人？反反复复，百折不挠，越挫越勇，不知何时，已经修炼成"百花丛中过，片叶不沾身"的恋爱高手。这样的人有点可悲了，爱情在他眼里不过是消遣，他永远也不会得到真正的爱情。

　　6月3号是Facebook COO桑德伯格的丈夫去世30天的忌日，桑德伯格贴出了一篇纪念文章，写得十分动人。她在文中说，"'真正的同情不是坚持说一切会好起来，而是承认一切不会好起来。''你的人生会恢复正常，可是再也不会像从前那样美好，'这样的话反而更能安慰我，因为他们知道真相，并且告诉了我真相。"

　　那么真相就是，就算你依然相信爱情，或者依然在寻找心里的理想型，从灰暗期恢复过来，人生看起来正常得不得了，那你也不会遇见对的人。

　　因为，你自己都还没有成为对的人，怎么会遇见另一个对的人。

　　很久没有发自内心的快乐过开心过，在一次又一次的纠结和徘徊中也逐渐明白，很多人走着走着就不见了，想去追也没用，或者那些走掉的人是为了给后来的人腾一些地方，所以走掉的人不必追问，他们也成了别人的世界里，后来的人。

　　我告诉自己，我也不确定能不能遇见对的人，也许以后真的不会有更好的人或者更让我喜欢的人，但是我并不在乎这些了。我还要继续做关于未来的梦，不去感叹，而是相信这个世界，因为我也是这世界的一员，人生就是从爱上自己的未来开始的，如果一个人很无聊的话，那就找个人和未来谈恋爱吧，朋友也行恋人也行，夫妇也行，家人也行。和未来谈恋爱，是要让自己取悦未来，把自己变得更好啊。

　　只要身边有意气相投的人，人生就会变得更加给力。

　　我有一个朋友，在很努力地健身增肌，每天早上去锻炼。今天他发了一张自拍，我感觉现在他整个人的精神状态都比以前要好。我告诉他说，我要再减十斤。他说加油啊，我们都在变成更好的人。昨天参加了一个有趣的比赛，认识了一个志趣相投的朋友，甚至可以聊一聊米兰昆德拉，我感到很幸运和欣喜。

我希望和这些人同行。我暗暗下决心对自己说，要再减掉十斤，要改掉以前的坏脾气和坏毛病，不要说脏话不要爆粗口，要看很多书，看很多电影，懂得很多有趣的技能，要做一个温柔坚强沉稳内敛而且还有趣的人。我在改变的路上，我相信，我会与那个对的我相遇。

一个人越成长越觉得很多东西不必看得太重，比如外界对你的期望，比如无关紧要的人对你喜欢与否。过分看重就会让你迷失自我，仅仅是活出了他人帮你定义的成功。为了讨好别人，踮着脚尖改来改去，而被别人绑架了人生。一路走下来，才明白真正的魅力不是你应该因为谁而变成谁，而是你本身是谁。

我想先遇见对的我，使自己有独立的人格，清醒的头脑以及面对一切的自信和勇气，还要有超脱的自省意识，审视自己爱的人到底值不值得爱，一旦触及自尊，立刻放弃。那种低到尘埃里的，犯贱当真爱的，我不敢苟同。

电影上有台词说："不管是好莱坞明星，还是贵族王子，都只能跟自己遇见的人相恋，一生之中能相遇的人其实很少，仓鼠只能跟同一个笼子里的仓鼠配成对，道理是一样的。这样也让我碰到了自己喜欢的人，我觉得我很幸运，我要感谢把我和茉莉关进同一个笼子里的上帝。"

我在想，就算上帝想把我和丹尼斯吴关在同一个笼子里，他也有点犯难啊，毕竟现在的我真的好弱呢。

我会加油，先和对的自己相遇。其他的，交给上帝吧，兴许，等我遇见对的自己的时候，变得太好，他会觉得丹尼斯吴太老了，配不上我，更犯难呢。那个对的人，你不要着急啊。

人生啊，光勤奋还不够，坚持下去才能看见光明。只要你走在正确的道路上，并且真正地坚持下去，你真的会活出你最想要的自己。

我做过最好的事，就是坚持

[1]

初中的时候，我成绩很好，也受老师喜欢，整个人都很骄傲。后来进入了当地最好的高中，有非常多聪明的学生，他们不费吹灰之力就能把一道我用两节课的时间才能做出来的数学题解决掉，我的骄傲逐渐丧失殆尽，成为缩在角落里长得不好看也最不起眼的中等生。

有时候因为作文写得好，会被老师当成范文在班上阅读，每次老师看向我的时候，她总要拨开前面好几排的人，赞许的目光才能落在我头上。

每当这个时候，我总是会往书本后面缩了再缩。对于一个不太自信的人来说，不起眼才是保护色，如果被注目，反而会让他坐立不安浑身上下不自在。

那时我有一个好朋友，个子小小的瘦瘦的，但这小小的身体里仿佛蓄积了巨大的能量：数理化样样好，语文英语也不差。她活泼开朗，和躲在教室角落里阴郁的我形成鲜明对比，那时的她是我做梦都想成为的人。

有一次老师念完她的作文，非常亲切又期待地问她：你以后的梦想什么呢？

她落落大方地站起来底气十足地说："我想拿诺贝尔奖！"老师带头鼓起了掌。而同样被念完作文的我，老师问都没问。当时只觉得委屈，眼睛里湿了湿，低下头，悄悄用书本遮住了脸。

我在等待被提问的时间里已经想好了答案——只等待着老师让我站起来回答问题的那一庄严时刻。我甚至有些紧张和激动。

然而，那个答案永远地埋在了我的心里。

[2]

其实我想说的是，我想成为一个写故事的人。

那时的我不敢企盼成为作家，"作家"这个词太遥远了。

后来开始试着在语文课或者自习课写一些故事。就是用那种带格子的作文本，正面写完，又翻过来在反面写——其实没想到能写那么多。写完了就先传给周围的同学看，让他们在后面写评价。最后传到我手里的时候，本来就落魄的作文本变得更加不堪了，每一页都翘着，最外面一页不知是谁粘了几层透明胶布，勉强能称之为封面。拿到本子，我就看后面的评价，有的同学写完评价，还在空白处标了一个圈，特意画了一个箭头标出来"你看，这是我掉的眼泪。"有的同学还会再写几个另外的结局。每次我都是被其他班的陌生人喊到教室外面，一脸茫然地接过自己的本子。

那是我最开始的尝试。故事里的少年，为了给好朋友报仇，杀死了那个曾经诅咒过朋友的算命先生。

后来上了大学，零零散散地写一些算不上文字的文字，发给好朋友看，然后眼巴巴地等着QQ消息，看他们发过来读后感言。又或者是在QQ空间里写日志，记录与人的交往，生活中的感动。

当时在想，就这样简单的写下去就好了。

[3]

其实事情并非像我想的那般简单。母亲对我的写作并不支持，她总觉得写这些东西有什么用呢，又没有人愿意看，还不如多记几个单词来得实在。于是我就偷偷地写，弄得自己像搞地下活动的共产党员一般壮烈。每天写公众号，从寥寥几人，到后来的满屏转发。我朋友截图给我看：你看我朋友圈里，都是转发的你的文章。

于是突然有了走下去的动力。日更非常累，那段时间里，每天晚上写完今天的份额，就开始躺在床上构思第二天要写什么，走在路上也会想。大学期末考试，别人都躲在图书馆的书架后面背书，我蹭蹭蹭地跑到机房去写推送。写东西是费脑子的事情，写完一篇，精神往往非常疲惫，但对于我，写完之后神清气爽，像干了一件了不起的大事。

那是一段拼命榨干和掏空自己的时间。我把我在成长中所遇到的困惑、孤独和痛苦一股脑儿的都说了出来——其实那也是大部分人的困惑和孤独。虽然一步一步地坚持下来有些艰辛，但回过头来看，那些挠着头对着电脑拼命构思和噼里啪啦打字的日子，是我曾经最好的时光；而日复一日地坚持，是我做过的最好的事。

没有那些一如既往的坚持，我不会在二十多岁的时候就出版自己的第一本书。对一个文学青年来说，出版自己的一本书是多大的一个梦啊。我是多幸运啊。没有那些坚持，我不会有那么多关注我的读者和朋友，我们曾经相互安慰，并肩同行。

我依然记得那个高中女同学的诺贝尔文学奖的梦，我不知道她是否还一如既往的像高中那样写着文章。我们很久不联系了。我还依然在坚守着成为一个写故事的人的初心。

[4]

记得《霸王别姬》上有句台词："要想成角儿，人得自个儿成全自个儿。"生活中，谁能成全谁啊，自己的一堆麻烦还等着呢，哪还能顾得上别人呢。再者说了，别人成全的，心里总归是不踏实的，别人能给，也能拿走。

在生活里对某样有兴趣的事情坚持下来，就是自个儿成全自个儿。名角儿不知受了多少苦挨了多少打，你也不知道要看多少书写多少字才会上岸。每个人都是卷在生活漩涡里的人，只是有人在生活的暗涌中拼命挣扎和呼救，希望不被卷到更深更暗的地方。而这坚持，是对生活的不屈服，也是对自己的不满意。

你知道吗。我也不知道什么时候会上岸，我想，只要我坚持呼救和挣扎，也许就能有人听见我的声音，也许就能抓住水上的一棵浮木，我自己爬上岸或者有人把我拉上去。

在别人看剧的时候，我坐在寝室里的床上，对着电脑打下一行又一行的字，有时候不满意再一个字一个字删掉；每天晚上去操场跑步，那些无言的跑道，吞噬了我的汗水也见证了我的坚持，而日复一日的坚持，让我一个自卑的胖子减掉了20多斤。

只要你走在正确的道路上，并且真正地坚持下去，你真的会活出你最想要的自己。你看我，能够成为今天的样子，也并没有什么天分和资源，只是把我当初最简单的初心坚持了下来，只是在最好的年龄坚持做了正确的事。

人生啊，光勤奋还不够，坚持下去才能看见光明。而我知道，只要我继续坚持下去，我的故事就没有结束。

不要放弃，你终会上岸，阳光万里。

成熟不是把自己的棱角磨圆，而是用一个更大的圆把自己的棱角包裹住，内有锋芒，外在沉稳。女孩啊少年啊，真正的生活才刚刚开始，也许成长会从头来一场，但撑过去后，回首那些艰难的路，虽然布满了挣扎的痕迹，但每一个印记，都是变强的证据。

毕业后的经历，才是真正的成长

毕业时攒下的一大把照片还在手机相册里存着没来得及上传，那些在一起吃饭喝酒话别的事情仿佛只是昨天发生的事情，而我不过是喝得尽兴宿醉了一场很久才醒来。醒来发现很多事情都变了，也有许多事情没变。

大学时建的室友微信群依然活跃，晚上的时候，大家时不时出来聊个天，互相推荐个好看的韩剧，吐槽一下剧中的女主，某个人发个表情包，屏幕前的自己也会心一笑，神思恍惚间好像大家还都躺在各自的小床上，一声不吭，却在面前亮着的那一小片屏幕里嬉笑怒骂。一抬头，就能看见彼此，再晚一些，能听到不知是谁翻下床蹑手蹑脚地跑去洗手间轻轻推门的声音。

现在一转身再也看不到那几个叽叽喳喳的女孩子了。微信群里依然在互相推荐韩剧，也偶尔出现几个面膜、化妆品或者衣服的链接，求个参考意见；她们的王者荣耀依然在打，每天在群里嚷一句"出来开黑啊"。你说变了什么呢，不过是买东西拼不了单了，不能往某个人身边一坐一块看电视剧吐槽了。

毕业的前几天，我们举行了隆重的散伙饭仪式，去海底捞吃饱喝足之后开始进行大学总结讨论会。会长是觉主，你看这名字，大抵你就懂她的嗜好了。可能毕业的气氛作祟，六个人坐在一起，面前的高汤翻滚热气蒸腾，面对一桌的杯盏残羹，突然有种难过的情绪。每个人对过去的四年都有种过来人的感叹：原来就这样，就这么快的过去了。

我们都坦言曾经的那几个敏感幼稚爱哭锋利的小姑娘，在经历了世情和世事的磨炼下，已经成长了很多。变瘦了变美了，性格也不再那么敏感，语言也不再那么锋利，每个人都有了好的变化。

那天晚上大家卸了妆在KTV里拼命地嘶吼《天高地厚》和《离歌》，我们以为，除了那些外显的成熟，说再见的时候不掉眼泪，也是一种成长了。

然而，毕业没多久的现在，大家都心照不宣的一件事是：毕业后的经历，才是真正的成长。

微信群里依然会聊韩剧和综艺，但更多的是讨论租房子和工作的事情。觉主准备落脚北京，临时住在亲戚家里的她，租房子成了头等大事。租哪儿，租什么样的，租多少钱的，和谁一块租，都是问题，而这样的问题的解决办法，大学没有教过。她偶尔在群里插句嘴，还是抱怨一句："我在背公司的案例，74个，太痛苦了"。

生活的压力推搡着人急速成熟。实习间隙有时候会分神一下，老觉得自己还是那个什么也不懂的小孩子，怎么一晃眼就工作了呢。

本性寡言少语喜欢沉默的自己，不得不开始扭转本性，在公司里学着和前辈打招呼。对于一个内向的人来说，主动性的互动简直是一场灾难。但是依然艰难地转变，学着去给前辈打招呼和聊天。在大学里可以简简单单孤单一人，自由如风，但在社会上，沉默和孤单会成为一个奇怪的标签，把你跟其他人分隔开，变成游走于边缘的家伙。

还没发工资，就开始在心里打小算盘，计划第一笔工资该怎么花，花到哪儿去，给家人买些什么。到了社会上，正式实习以后，每天按点上下班，再也不像上学时那般自由。在通过自己日复一日地脑力劳动来换取工资的过程中，居然稍稍感受到了大人生活的不易，所以开始想为他们分一点忧，分一点生活的重量。以前只懂得吃喝玩乐的自己，此刻觉得自己像个大人了。

去超市买东西，开始学着像大人那样挑选，拿起来紫薯看看表皮新不新鲜，捏一捏看看水分足不足。看看打折的水果新不新鲜，牛奶有没有过期。比较一下街头小贩摊上和超市里的价格。那些从未学习过的东西，此刻突然施了魔法般的无师自通了。买完东西走在回去的路上，袋子有些沉，路有点长，于是走走停停，只当是晚上的散步，天幕低垂，却没有星星。

后来在想，这样的日子，还要过几年吧。

整个社会都流行焦虑，而毕业后踏上社会的我们，不仅焦虑，被生活撵着往前走的同时还生出来一种恐惧感。中产阶级们往上爬有心无力，往下走却又不甘心，于是焦虑由此而生，而我们这些刚毕业没多久，被社会快速催熟的公务员、普通白领、销售、保险员、银行柜员、实习生，两手空空，无依无靠，除了焦虑就剩恐惧了。

回头看，虽然大学四年里有很多事情让人成长，但那些与现在比起来无足轻重。那时候自以为是的每一次成长，每一次眼泪，每一次疼痛，都是世事人情的预警罢了。这世界，远比自己想象的复杂。脱离了象牙塔，一切事情都带着某种不可言说的功利性和利益相关性，那些真正让人成熟的事情，都是在毕业后遇见的。

世界虽如此，现实亦沉重，但仍要负重前行。成熟不是把自己的棱角磨圆，而是用一个更大的圆把自己的棱角包裹住，内有锋芒，外在沉稳。女孩啊少年啊，真正的生活才刚刚开始，也许成长会从头来一场，但撑过去后，回首那些艰难的路，虽然布满了挣扎的痕迹，但每一个印记，都是变强的证据。

活，该任性地活。想做的事情就去做，即使做错了，那也是一种收获，总比不做强。年轻的时候想跨越高山，渡过大海，想骑最野的马，喝最烈的酒，爱最美的姑娘，但是却担心高山太长，大海太险，野马太难驾驭，烈酒太伤身体，姑娘太难追上。热情和野心就一日一日在犹豫和踌躇中蹉跎下去。不要等到年老的时候，发现自己有很多事情还没尝试过，后悔年轻的时候没有任性一把。

活，该任性

[1]

天阶夜色凉如水，何故倚繁星？

没有理由，也没有多余的言语。有时候，就是想自己安静一下，陷入一种无边无际的颓唐里，觉得整个人很累，没有力气，没有可以让自己开心的事情，看见再有趣的笑话也笑不出来。满脑子里怪念头很多，总结过去展望未来，可稍稍一清醒，就知道自己其实是什么都没想。只想静静地一个人坐着发呆或失神，置身事外。按照世俗的标准，这样可以说是很丧的一种状态了。

在遍地都是励志人物的世界里，每个人都被鼓励着要精神昂扬斗志满满地去过每一天，人生不可虚度，丧是可耻的。可是，人这种生物，荷尔蒙和肾上腺素都有低迷的时候，于是就想静静地待着，一个人丧着，想蒙着被子大哭一场，想一个人出去走走，想一个人捧着白水杯子自言自语说很多话，想睡一个横跨春秋的大觉。

想丧就丧吧。励志读物不过是精神鸦片，看的时候热血沸腾感觉自己所向披靡，然而现实中的矛盾具有特殊性，解决完了这个问题，还有另一个麻烦等着你。有时候丧一下，不过是过一个缓冲期，蓄积一下能量，再接着面对下一个问题，下一个丧。

活着本来就该任性。很多心情只是一刹那就逝去了，而丧的时候，却能让自己沉静下来认清自己，想丧就丧一下吧。

何故倚繁星？

繁星无语人亦无语，只想静静地丧。

[2]

大学的时候，在社团里认识了一个学弟，他对于骑行去西藏有着强烈的执着。后来，我毕业，他即将大四，在大四前的暑假里，他从四川开始骑行，经历了一个多月，终于骑到了碧空下的布达拉宫。

我在朋友圈看到他发的照片，记忆里在黄昏中找我拿书的白白净净的小伙子，满脸沧桑，肤色像是刚从地下钻出来的煤炭工人。但是他的脸上，却挂着达到目的后的胜利者的微笑。我想，当他看见飘扬的彩旗和洁白的布达拉宫的时候，那些外在的东西，都不重要了吧。

骑行回来之后，他发消息给我，说他决定考研，因为在这次旅途中，在日日夜夜的风餐露宿中，他更懂得了真正想去做什么。他曾经信誓旦旦地说不考研，沉不下心来学东西。但是就活着本身而言，做什么都不需要理由啊，人生那么短暂，如白驹过隙，很多事情不去做，等回过头来，就只剩遗憾了。

有时候我真羡慕他这样的状态，活得任性，自由如风。想去西藏，就立刻制定计划健身强体，规划路线，准备装备；想考研，就能马上做出决定，不瞻前顾后，也不犹豫不决。其实大多人都做不到这样任性，因为他们害怕的东西太多了。能够活得任性的人，是有强大的信念支撑和执行力的。

[3]

我记得看过这样的一个故事。

王阳明的弟子在悟道的时候，经常另辟蹊径去看一些与圣人之道无关的杂书，但是王阳明并没有责难他们，反而对他们说，将来你们自然会发现圣人之道的妙处，那时候，就自然会去看圣人之书了。于是王阳明对他的弟子看杂书和鬼神志怪类的书从不纠正管教。

王阳明认为，人只有经历了错误，在回到正轨的时候，心才会更加清楚通透，之前对圣人之理和圣人之书越疏远，认识到错误之后，就会对圣人之书越亲近。

这个世界上没有白费的功夫，也没有白走的路，哪怕是走错了路，也是一种收获。而任性的活，是一种试错，也是一种探索。而最怕的是，想要轰轰烈烈的活，却瞻前顾后，小心谨慎，什么也不敢去做。

这样才失去了得到真理的机会。而那些畏畏缩缩的人，也将随波逐流，发现不了另一个自己。

[4]

活，该任性的活。想做的事情就去做，即使做错了，那也是一种收获，总比不做强。年轻的时候想跨越高山，渡过大海，想骑最野的马，喝最烈的酒，爱最美的姑娘，但是却担心高山太长，大海太险，野马太难驾驭，烈酒太伤身体，姑娘太难追上。热情和野心就一日一日在犹豫和踌躇中蹉跎下去。只有去做，才知道山海可不可平，姑娘可不可爱。不要等到年老的时候，发现自己有很多事情还没尝试过，后悔年轻的时候没有任性一把。

人生如白驹过隙。活，该任性地活，过足瘾。

去最喜欢的小店吃一碗最辣的粉，去买一束还未盛开的花，去追一集刚更新的新番，去找一个老友唠唠嗑，去捉捉猫逗逗狗。去感受一朵花的盛开。我们必须积攒这样微小的期待和快乐，能随时在心里因为遇见和发现了美好事物而炸出一朵花来，这样才不会被遥不可及的梦和无法掌控的人生拖垮。

愿你心里随时能炸出一朵花来

年少的听许巍的歌，总渴望着仗剑走天涯，总以为远方的落日和大海，才称得上风景，总以为一个人走的路，才能称得上自由。而如今漂泊在外四海为家，辗转在那些被称得上是风景的地方，稍微见识了人情冷暖和世事不易，才明白，真正的风景从不在路上，而在于自己的心。在钢筋水泥构建的大城市里，即使生活千篇一律，但有些人，依然有一颗纯真温暖的心，永远向好，永远年轻。即使风尘仆仆，也依然能在歇脚的时候，被一缕阳光击中，在心里炸出一朵花来，然后又有了继续走下去的，温柔的，强大的力量。

因为能在平凡生活中发现美好的事物，而在心里悄悄地绽开一朵花，这样的能力可不是每个人都有。青年人从学校里出来一工作，在各种社会现实下，昔日的理想主义和热情很容易迅速地逝去和冷却，在卑躬屈膝和杯盏交错中变成一个大人。变化很明显的，这可以从一个青年人的社交网络上表现出来。曾经因为一些小确幸和微小的美好而雀跃而感慨而记录的少年，变得沉默了，很久才有一两个动态，或者和工作相关，或者是喝酒的照片。

因为房价和物价以及感情而焦虑的青年人，陷入另一种危机中。那些曾经美好的东西，再也不能在他们心里掀起涟漪，他们也不再关心这些东西。

而有些人，一脚踏进红尘俗世里摸爬滚打，烟火气满身，却没有丢掉保持纯真的能力。

我认识的一个学姐，在我看来一个非常有趣的人了。这种有趣，体现在对这个世界不停地探索和热爱上。上了班的人，除了工作时间之外，其他的时间就变得有些懒惰，这种懒惰，也许是逃离了工作之后的自我放松，但这种放松带着一种惰性和逃避感，想去做什么有心无力，爱好也被搁置起来。而她，总让我觉得："啊！原来这个世界上还有很多好玩的事情啊"。

初秋的夜晚，依然闷热，别人只想在家啃着西瓜吹空调，她却去长城参加听茶巡演，感受诗意饮马川。她在朋友圈里借"长城听茶"的一段话表达感受："人有太多未知未及的区域，个人有限的生活经验不足以成为推力，要借由某种艺术的形式、仪式方会唤醒并多维缔结起感通体验。关闭眼睛，乘着音乐，借着热茶，破壁时空，超越历史、现实、记忆，以抽象的逻辑实现精神对流时，自己的内心和外在的世界、外界的物质与心中所理解的世界就结合起来。"

人来人往，谁不是行色匆匆，唯恐被落下被甩在后面。而她，却把自己的时间变得很慢很美。

周末拿上画本去写生，对着面前的建筑一笔一画地细细描绘下来，也是需要极大的耐心和定力吧。照相机或者手机咔嚓一声就能拍下来事物的原貌，但人对于这样快速闪过的记忆却很短暂。用自己的笔触去记录世界，在时间的静默和流逝中，感受建筑所经历过的风风雨雨和沧桑无言。那巨大的石龟身后的茂密古树，有最温柔的目光。这样的独处，真的可以算是时光静好了。

闲暇的时间，她会去看各种各样的展览，拍下那些展览的照片，发文说："对世界充满好奇，在年轻梦里不愿醒，不服输，按内心节奏，找寻存在的价值。"我们都走得太快，以至于忘了当初为什么出发。我们的内心，深沉如一潭厚水，很难再被激起涟漪。有人说这叫成熟，但真正的成熟不会让人变得沉默无趣和了无生机。

她会在下班的时候给自己买一束花，插在蓝色的玻璃瓶里，光是看她拍的照片，就已经觉得赏心悦目。她会一个人去吃小火锅，会因为新出的饮料好喝而开心雀跃。有时候看见蓝蓝的天空她会拍一张照片发到朋友圈发个愉悦的感慨。

因为用心，所以生活真的是很美好的啊。

那一隅蓝蓝的天空，那一束鲜艳的干枝梅，下雨天走草地留下的脚印，咖啡馆DIY耳饰，酒吧里聚众吐槽，顶着烈日画画，吹着清风赏荷，她的心里有很多花盛开。

有的人会讲，我觉得我没心没肺也活得很好啊，生活为什么一定要有意义呢，那样多累啊。

可是我们都是普通人，没有强大的背景，也没有人买好迈凯伦说："拿去开吧爸爸给你的礼物"。生活对于我们展示的面目，从来都是冷眼多过温柔。那我们必须培养一些爱好，不是说空洞不可及的理想，而是庸俗的吃喝拉撒，能够认真地做一顿饭；我们必须一觉醒来清楚自己至少能做什么来养活自己。去最喜欢的小店吃一碗最辣的粉，去买一束还未盛开的花，去追一集刚更新的新番，去找一个老友唠唠嗑，去捉捉猫逗逗狗。去感受一朵花的盛开。我们必须积攒这样微小的期待和快乐，能随时在心里因为遇见和发现了美好事物而炸出一朵花来，这样才不会被遥不可及的梦和无法掌控的人生拖垮。

即使长大了，变成大人了，也不要放弃对这个世界的好奇和热爱吧。希望你的心里，依然还能随时炸出一朵小花花来，然后拥有继续披荆斩棘的力量。

如果有了决定却不去放手一搏，那我一定会后悔莫及。自己现在骄傲的，是我坚持了自己的选择，没有中途落跑当逃兵。我依然不会改变永远要变得更好的心。

那些日子里的
自己，是这么多年最棒的我

考完最后一门，在试卷袋上贴上封条，交上去，走出教室，外面已经闪烁起橘黄色的路灯，视线有些模糊，手指尖的痛感不时传来，大门外面等候着的人变得影影绰绰，我站在那里，有那么一瞬间，感到一丝茫然。

就这么，就这么结束了？

前几天的我还在床上躺着掉眼泪，跟朋友嚎着说："我不考了！"，一边把脸埋在被子里哽咽，哭得喘不过气来，那时候心里是有多难过，看不到一点希望，感觉自己真的是撑不下去了。

回头一看，几个月也捱过来了。说苦也算是辛苦吧，早晨为了省时间，匆匆忙忙囫囵吃个包子就赶去图书馆，结果硬是把自己吃成了一个体重三位数的包子脸，积重而难返，这样看来也真的是蛮辛苦。

说什么都觉得矫情，我是一个极度自尊的人，也不喜欢把漂亮话说在前头，我有时候特别极端，也特别容易自我否定。如果不是因为没有时间写公众号，我是不会像任何有关的人说我复习考研这件事，考上了也许会说一下，考不上，就什么也不说当什么都没发生过一样，继续往前走。

我写到这儿甚至觉得这样一个过程没有什么好说的。一同和我走出考场的人那么多，坚持到最后的人那么多，自己所受的煎熬根本不值一提。

不过是每天三点一线的生活，每天在各种书本里摸爬滚打，每天暗示自己"学习使我变得更美"，也不过是经历了很多个自己偷偷安慰自己的日子，拒绝了朋友的几场饭局，习惯了没有手机的日子，也不过是在觉得艰难看不到希望的时候硬撑下来了。

回学校的路上，坐在公交车上，车里又热又难闻，胸腔里闷得难受，手指因为长时间的写字又麻又疼，碰到手机屏幕马上痛得收回手来。眼泪突然没来由地就掉下来，窗外圣诞节的花花绿绿的街景变得模糊不清。

好像那一刻，什么都不重要了。

好像有很多泪要流出来。

好像有很多担心也奔涌而来。

默默地掉了一路眼泪，下车用手背抹了抹脸，长呼一口气，心里想，顺其自然吧，我尽力了。

想好好地看一部剧，想睡一个自然醒的觉，想和老友好好地聊到深夜，想把所有的书扔掉。想清闲地看一本书，想好好地发一下呆，想好好地跑几公里的步，想浪费时间化一个不太熟练的妆，想逛逛淘宝，想做很多很多浪费时间的事情。

这些曾经看起来极其奢侈的事情，现在都变得触手可及了。

那些复习的日子，我裹着一件高中时期的棉衣，袖口被磨得露出白线。每天坐在图书馆一个靠窗的角落里，头发随便地扎起来，脸上起的痘好了又起，反反复复，累了就看看窗外灰蒙蒙的天空，看看远处缓慢驶过的车辆。休息的时候去书架里晃晃，看到想看的书翻几页又放下。天气晴朗的日子似乎屈指可数。好像和所有的朋友都失联了。

某天抬起头来，瞥见对面的男生在画画，羡慕得我几乎眼泪都要掉下来。连午睡多睡十分钟似乎都不可饶恕，暑假里写的一篇小说开头，荒凉到现在都没有结局。

有时候真的很羡慕那些大四不考研天天像过年的人，天天吃吃喝喝，每天美美地晒照片，而不是拘囿于图书馆里。也有时候庆幸自己不必像大多数人那样焦头烂额地投简历找工作。

每天只是简单地吃饭，睡觉看书的日子，我深知再也不会有了。可是又像一个恍惚的梦境，若不是指尖一直传来痛感，我好像觉得似乎仍然是一场梦。

真的结束了，也许多看几页书，考试的时候就能多写一点，也许多背几遍，某个知识点就能想起来。也许，也许人生就是这样吧，凡事都有遗憾。从某种程度上来说，这才是一场真正的成人礼吧，曾经，我想证明给很多人看，到最后，我只想证明给我自己看。

想起来五月天那句歌词，我不怕万人阻挡，我只怕自己投降。唉，突然觉得自己也是一个有故事的人了呢。似乎坦然也似乎淡定，因为无论结果如何，我都为自己坚持到最后感到一点小小的骄傲。如果有了决定却不去放手一搏，那我一定会后悔莫及。自己现在骄傲的，是我坚持了自己的选择，没有中途落跑当逃兵。我依然不会改变永远要变得更好的心。

自己已经是个成年人了，就是那种遇到难过的事情哭完了还得想着自己怎么解决的大人。

我想我在公交车上哭，是因为我总爱记挂着那些我没有做成或者觉得自己做得不好的事情，没有得到的东西，总爱忽略自己拥有的这些，这是我爱哭的一个根源。我清楚地知道大部分都是无用的，完全不必在乎，有些只是为了赌气，有些确实是耍赖不愿意愿赌服输。但是我知道这些事情将永远地郁结在我心里。

学会了很多仿佛又来不及消化掉。我一边偷偷地殷勤又颓废地讨好自己，一边不屑又失望地否定自己。想去海边喝酒，我觉得我这个性格特别适合一个富二代的人物设定。

那些日子一去不复返了。抱一下那个曾经躲在被子里偷偷抹眼泪的自己，其他的都先放下，丧一下，爬起来又是一条好汉。挺不过去和挺过去，都是转身继续上路，不过挺不过去，往事就是一根鱼刺，永远如鲠在喉；挺过去，其中的心酸，不过是一碟下酒菜。

那些糟糕的日子，现在看起来似乎闪闪发光呢。嗯，那是我人生中最棒的时候吧，虽然混乱又迷茫，但确实，是一个磨炼心性咬牙坚持的过程。那时候我真的很棒，背书很努力呢，能站很久很久地背书。哈哈哈，其实我可道貌岸然了，信不信由你了。

慢慢走，只要在努力，终会有结果。即使目标很远我也并不感到痛苦，因为我并不期待短期努力即刻就有巨大回报，我只想以专注和热情平和地前进。

我才不想要"等着打折"的人生

"双十一"过去了，还有"双十二"。

昨天晚上洗漱的时候无意间听见有两个女生说话，一个很激动地说："××会买199送100！××家的衣服终于打折了！"

我边刷牙边想，我才不要这种等到打折才买得起的人生。我要的是，我随时能买得起我喜欢的东西，我要的是，自给自足不依附也不卑不亢的人生。

二十多岁的年纪，人生刚刚开始，想法很多，爱这个世界也被这个世界伤害，一无所有却想要一切。

太多的人，都并没有把自己摆在二十多岁的年纪上。他们向往的是声色犬马纸醉金迷，他们喜欢的是路易威登和香奈儿，非要在二十多岁过三四十岁的生活。

可是二十多岁明明是为以后生活奋斗的年纪，为什么要提前透支？

我记得看过一篇这样的报道，一个女孩子在上大学期间通过穷游的方式几乎走遍了全国，这样的旅游方式被媒体拿来大肆宣扬现在的年轻人喜欢穷游，不把自己搞得很惨好像灵魂就得不到洗礼升华一样，蹭个车逃张票被拿来吹嘘自己的沸腾热血。

不说安全问题，我想不通的是，明明在几年之后才有能力让自己享受舒适安全的旅行，为什么一定要把现在的自己折腾得这么惨？凭自己的能力去看以前曾经向往的地方，这样未凉的热血才值得拿出来说事儿吧？

记得之前和我的一个朋友聊天，她发给我一张朋友圈截图，截图上的定位是美国。她说，我也想去这种拍照片不用加滤镜的地方。我也想去这样随手一拍就能当屏保的地方，但是我也知道，如果自己不努力，哪都去不了，最后可能连现有的天津的雾霾都没有资格吸。

我也看过太多情侣经历了种种走到要结婚的时候，最后却因为房子等一系列问题而分手的现实故事。我不会因为钱而和谁在一起，也不会因为钱而离开谁。我只是想在遇见了那个我想一辈子都抓住的人的时候，不会因为像其他人存在那些问题而无奈地分开。我要有底气告诉他，你有的我都有，你没有的我也已经准备好了，你只需要给我爱情就好了。虽然你很好，但是我也不差。

每当我想起来这个，我就能对着面前的好几本笔记看得天昏地暗，日月无光。

我知道前方的路极其漫长，我也知道实现想要的人生需要付出极大的忍耐和努力，所以我会一步一步地往前走，过好现在。

我也知道这个世界很不公平也有很黑暗的地方，但是它还不足以让努力的人没有出路。有希望就有奔头。哪怕现在的我依然非常普通依然笨拙依然不通晓人情世故，但是我心里清晰地明白，我在努力，我一定会变得更好。

怕什么！胡适说过一句话："怕什么真理无穷，进一步有进一步的欢喜。"这句话对于漫长的人生，也是适用啊，怕什么等不到出头的那天，慢慢走，只要在努力，终会有结果。即使目标很远我也并不感到痛苦，因为我并不期待短期努力即刻就有巨大回报，我只想以专注和热情平和地前进。

我绝对不要等着打折的人生，我也不稀罕别人给予，我只想做一个一边努力一边享受当下生活的人，绝不抱怨，绝不解释，坚定勇敢，光明磊落。我也从没想过要做一个多么了不起的人，只想做一个有能力保护好自己家人，有资格在爱的人累的时候说一句"有我呢"，有底气买得起想要的东西而不是等着打折降价的人。

所以我有耐心，在二十多岁的年纪，充实地过每一天，慢慢向前走，直到那一天到来，我知道，我就是那么好。

"努力，等你变优秀了，想要的自然就有了。"

生活中我们也会面对各种各样的事情啊，为什么不把每天当成一个游戏来玩呢，虽然终极那一关很遥远，但路途上的关卡太多，我们依旧不断需要升级武器和技能，直到与大boss相遇，一刀毙命。

嘿，少年，走出来打怪吧

在地铁上手机没有信号，手边又没有读物，只能玩一把游戏。我玩着玩着，想起了小时候的游戏机。

那种插卡式的老式游戏机，陪伴我度过幼年时一个又一个夏日漫长的午后。只要一副游戏手柄，就能化身成游戏里的各路大侠，一路拼杀一路死亡最终干掉大boss，拯救世界。

记得我最喜欢玩的是几个比较经典的游戏，《魂斗罗》什么的不说，我最喜欢的就是《坦克1942》。其中有一个模式是可以自己设置堡垒，抵挡敌人的炮弹。第一层掩护是防护力最低的草坪，虽然可以起到掩护作用，但对手的炮弹可以毫不费力地穿过这层防护，把你干掉；第二层防护是红色砖墙，防护力稍强，可以抵御两次炮弹攻击，第三次便失去防护作用；第三层防护是白色石头，防护力最强，可以抵御无数次炮弹攻击，敌人对于这样的防护束手无策。

当时我喜欢自己设置游戏模式，为了不让自己的营地遭受攻击，我最常干的事儿就是把堡垒的防护级别设置成最高级，把白色石头摆了里三圈外三圈，就留一个观望口，敌人来一个，我就打一个，动都不用动，就待在自己的安乐窝里。而且，敌方的炮弹根本不能伤我，整个战场就成了我自己的游乐场。

后来我这个"司令"觉得这样很无趣。每次都是自己赢，也不用动脑子去想敌人的坦克会在哪里攻击我，这种胜利来得太容易，简直生无可恋。

　　于是，我切换到原始游戏模式。

　　自己的营地最高的防护不过是几道红色砖墙，几道绿色草坪隐蔽物。我的神经一下子紧张起来，全神贯注地注视着敌方的坦克，手里的游戏手柄被攥得紧紧的，大拇指蓄势待发，随时准备按下发射键。

　　第一次被敌人打了个落花流水，我只顾杀向敌人的巢穴，却忘了自己的后方。第二次虽然还是失败，但已经学会了怎么积累经验怎么多打几个敌人换取生命值。

　　后来，我就没用过游戏设置模式了，因为我已经开始享受未知的游戏模式，在这种模式里，认真地积累经验值，享受胜利，也享受失败。

　　后来长大了才明白，白色石头围城其实就是自己在游戏里的舒服区啊，我抵御了敌人的进攻，也拒绝了面对未知的艰险，也无法成长。

　　谁都拒绝不了舒服，哪怕有时候一次又一次提醒自己待在舒服区是不会进步的。

　　所以，当你过得很舒服的时候，大部分也是你故步自封徘徊不前的时刻。

　　最近有人跟我感叹，寝室啊就像旅馆一样，也有人说，天啊，我简直受不了室友了。

　　你需要明白的是，室友之所以称为室友，而不是朋友，你就应该知道如何处理与室友之间的关系。

　　这是生活中的一场游戏，遗憾的是，你不能自己设置游戏模式，只能凭直觉去打怪。

　　也许你看不惯一些人的行为，或许他的个人行为对你造成了困扰，又或许他的嫉妒心较强，见不得别人过得好，对你冷嘲热讽，你开始觉得你忍受不了了。

嗨，游戏开始了啊。

为何怨天尤人，抱怨自己没有遇到好室友？在与这些人的相处中，你应该学会如何处理好和各种类型的人的关系并且学会使自己避免这些问题啊。孔老夫子说："见不贤而内自省也。"

行为都是对比出来的，如果你不喜欢他身上的某点习惯，你应该看一下你有没有这种习惯，如果有，赶快改掉，如果没有，继续保持。

最可怕的是"近朱者赤，近墨者黑。"如果别人对你冷嘲热讽，你也用尖利的语气回过去，这样一来，你不是也变成你所厌恶的那种人的样子了吗？如果我们没有身处幽室，不能"近朱者赤"，但可以避免"近墨者黑"。

我也曾经遭受过误解，当时我好气又好笑，气的是平时时时刻刻相处的人居然如此待我，好笑的是起因居然是因为我复制的一段话发在朋友圈而她却以为我是在攻击她。我也曾经被当头泼过冷水，我想分享一下我的喜悦的热情瞬间被浇个干净。我也曾经在没有任何人陪伴的时候去参加一个比赛，当时坐着的选手除了我之外全部携家带口，我的失落可想而知。

也许是当时太过于年轻而气焰太盛，不知如何收敛也不知怎样与人相处。也许是太过于忙碌而忽视身边人，错过很多集体活动而导致感情凉薄。又或者是彼此兴趣爱好不同，我爱美剧她爱韩剧，我不知道《来自星星的你》的剧情，她不懂《破产姐妹》的美式幽默，无话可说倒也可以原谅。

后来，我开始反省自己。我脾气不好，敏感爱哭爱生闷气，有时候使点小性子，开口说话伤人亦伤己。我逐渐地改善自己的这种状态，走出自己的舒服区，学会和其他人相处。她看韩剧的时候我就凑上去看几眼，一起感慨池昌旭欧巴好帅，把接吻场景翻来覆去看几遍；依然被泼冷水，那我就乐呵呵地接着，自黑玩好了也是一种境界。有什么意见就说出来，以前我什么都不敢说，所以经常被忽视，等到我敢说自己的意见了，我才觉得我也是如此的重要，我才真正融入进去。

反省自己，学会与人如何相处，一步一步地攻克自己的弱点，比如害羞，不爱说话，情绪化。

嘿，厚脸皮+100！生命值+100！

有人告诉我，"嘿，我今天跑步突破3000+了，一口气跑完哦，所以是一个小突破！我就跟自己比。"

这何尝又不是一种走出舒服区主动打怪的举动呢，恭喜你啊少年，走出了第一步，好好享受未知的挑战吧。

信乐团唱过一句"把每天当成是末日来相爱，一分一秒都美到泪水掉下来"，我想，生活中我们也会面对各种各样的事情啊，为什么不把每天当成一个游戏来玩呢，虽然终极那一关很遥远，但路途上的关卡太多，我们依旧不断需要升级武器和技能，直到与大boss相遇，一刀毙命。

我想，我需要学会的下一个技能就是如何在三分钟之内戴上隐形眼镜。

我不想再待在自己设置的白色石头防护区内，无比坚固无比舒服抵御得了任何钢枪利剑。它只能让我更脆弱更无知。

嘿，少年，走出来打怪吧，未知的才更有挑战性啊。

我要成为
自己的太阳

————●————

第二辑

我要变成自己的太阳。

即使前方没有光亮，

没有人陪伴，

我要做的也是那种能自己走下去的人。

我甚至希望，

我自己的光能照亮其他人。

我要变成自己的太阳。

即使前方没有光亮，没有人陪伴，我要做的也是那种能自己走下去的人。

我甚至希望，我自己的光能照亮其他人。

你总得成为自己的太阳

[1]

有这样一句话，一直在各大社交网站上被说了无数次。

"愿有人陪你颠沛流离，如果没有，愿你成为自己的太阳。"

直到今天——

我才明白，过去、现在和未来，除了家人，永远不会有人陪你颠沛流离一路到底，永远不会有人爱你细水长流始终如一，永远不会有人懂你心酸苦楚默契相持。

你必须得成为自己的太阳。也许带着不情愿的因素，但是没有选择。

[2]

公共关系课上，老师经常讲的一句话"年轻人不要老是回忆过去。沉醉于过去，怎么往前走？像我们这个年纪的人，喜欢回忆过去，是因为我们的生命不会再有新鲜的事情发生，一辈子也许就此定型，只能拿过去的事情炫耀一下来慰藉此刻寂寥的人生"。

我想起法国女作家玛格丽特杜拉斯说过的一句被广大文艺青年用滥的一句话："当你开始喜欢回忆,你已经变老了。"高中的时候曾经为了提高作文内涵用过几次,虽然我对这句话不明所以,不知所云,但觉得写上去,会有一种我读过很多书的样子。

现在,终于有一点明白了这句话的意思。

也看过一句话叫作"等你成功了你才有资格哭"。以前所度过的生命时光甚至算不上经历,没什么值得谈,没什么值得炫耀,也没什么值得被铭记。说起曾经的刻苦,对比曾经想得到的未来,就是赤裸裸地打脸。

所以我不再回忆过去的事情了,也不再写过去的事情,也不想再和以前的朋友提起过去的我,说起来,高中同学聚会我也很久没有参加了,也罢,我也不是很喜欢过去的自己。

等我哪一天可以在某一本书上签名了,我想,那本书里一定会有我从来没有向人提起过的曾经,那个时候,才可以毫无顾忌地装模作样地哭诉过去。

电影上总是说:"忘掉过去才能走向未来啊。"

[3]

最近这几天过得很规律,以至于让我有一种提前过上老年生活的感觉。

每天六点准时睁眼,七点起床,八点上课,中午看一集美剧,下午去图书馆,晚上八点去跑步,十一点半之前准时睡觉,闭上眼后做一些漫无边际的梦。吃饭的时候默默地告诫自己胃不好不要吃辣椒要多吃胡萝卜西兰花芹菜。去超市的时候一次又一次地忍住买蛋糕的冲动。

曾经每天要看的QQ空间也没了吸引力,有时候很多天都不会打开一次。朋友圈偶尔发个无关痛痒的状态,给另一些人的状态点个赞。当我看着空间里的小学弟小学妹芝麻大点儿的事也要发几句话说一下的时候,我笑笑,心里想:"这些不成熟的小家伙。"

蓦然,想到之前的自己也是极度喜欢刷屏,各种芝麻大小的事情都往社交网站上一说，连深夜洗个衣服也要感慨一下，然后看看谁评论了，评论的内容是什么，然后心里无端生出很多是非。

曾经不明白为什么有些人的空间像静止的河，毫无波澜，从不见他的状态。现在才明白，那些人比我成熟得早得多。

他们早就明白了，有些事情，不适合放在朋友圈，不适合发在微博，只能放在心里，自己收藏。自己的生活无须让别人旁观，也无须别人指点。如人饮水，冷暖自知。

现在觉得这种像白开水一样的生活没有什么不好，因为在所有的饮料里，白开水最健康。

不过，有时候，也会偶尔朝着白开水里抛一块石灰，毕竟，一成不变的生活，实在是太无趣。

［4］

我要变成自己的太阳。

即使前方没有光亮，没有人陪伴，我要做的也是那种能自己走下去的人。

我甚至希望，我自己的光能照亮其他人。

［5］

成长是一个不断检讨不断修正的过程。我觉得自己一直不成熟，但我知道，我的一部分正在改变，不管是内心还是外在。我一直在审视自己，我接受自己的缺点和不足，也在努力变成我想要的样子。不是矫情，是行动。

我想变成那种看起来瘦但是健康的人，读过很多书的人，交过很多朋友的人，看过很多风景的人，变成那种能接受一切也能敢于面对的人。

一个有趣的人，胸纳幽兰，神容昭若。

一个有底气的女人，能够自己给予自己想要的生活，其他的礼仪和形式，都不重要了，也什么都不怕了。她笑她哭，都无须看别人脸色，她是自由的。

自己撑起的天空，才最晴朗

[1]

早晨刚醒，一睁眼就看见手机的消息灯闪闪烁烁。

我划开屏，看见朋友给我发的消息。

"招六个人，保守估计复试排名第三或第四。"

我一个激灵，高兴得几乎热泪盈眶。因为我知道她经历了多少，一步一步走着才挺到最后这个时刻。

上一年她考研距离目标院校仅仅一分，当她决定考研二战的时候，相恋很久的男朋友向她提出了分手，理由是不能忍受一个没有时间陪他的女朋友。她给我打了个电话，大哭了一场，然后离开了男朋友，自己租了一间小屋，开始了二战的生活。

一边工作一边复习，她忙得连回我微信的时间都没有。有时候我给她发过去一大段话，等到第二天才看见她在昨天晚上将近十二点回复的一句"晚安"。

有次她给我打电话："我好累啊，我感觉自己快撑不下去了呢。"彼时的我，也在准备着考研，巨大的压力像一潭包裹着我的死水，越沉越深，令人无法呼吸，拼命地挣扎想要抓住点什么来逃生。我想和她一块抱头痛哭一顿，但隔着山山水水，只能在电话里互相安慰："再坚持一下吧。再坚持一下下。"

我只有学习的压力，而她还要面对工作的压力和来自家人并不看好的压力。

而如今，她再也不是那丛在风雨里依赖着其他人的灌木，而是长成了一株乔木。自己的根基深深扎下，自己的树冠直耸云天，风来任它打，雨来尽它淋，她就在那儿，自己撑起了自己的晴天。

[2]

前几天，看《朗读者》，节目里徐静蕾说："目前不想拍爱情片。因为没了那种心情，也许是突然过了某种年纪吧，觉得没什么情感需要纠结、痛苦"。

这应该是一个经历了诸多世事变迁的人的心底话吧。对于徐静蕾，外界给她贴的标签甚多，而我私以为，她一直活得很独立。不管和哪个人有了恋爱的绯闻或者是消息，她给我的感受始终是一个很独立的女人。

她不会在意外界的看法，也不会成为某个人的依附。

徐静蕾在综艺节目中表示3次冻卵后"对这事儿上瘾"。她自曝不稀罕被求婚，认为幸福比婚姻重要，遇到对的人就像心理医生开对了药。老徐曾给自己放过两年长假，被问到工作人员怎么办？她称："就让他们所有人带薪休假两年"。

一个有底气的女人，能够自己给予自己想要的生活，其他的礼仪和形式，都不重要了，也什么都不怕了。她笑她哭，都无须看别人脸色，她是自由的。

纵然上天一出生就给了她一手好牌，可是没有她的后天努力，好牌也会被打烂。才女、导演、写书，每一件事情，她都活出了自己的态度。

她不仅能撑起自己的晴天，也能带给别人一片晴朗的天空。

[3]

曾经我也是那个把爱情看得比一切都重要的人，心里的那个人就是一切。后来在失恋以后，突然发现，跟得上自己的时代，自己具有离开任何人独立生活的能力才更重要。每一个女孩都是会进化的，那些曾经令你觉得生生死死的事情，回过头来看，也没什么了不起。

变成自己喜欢的样子，大概是在这世界上见效最快的投资了。胖的话就跑步减肥控制饮食，想赚钱的话就好好兼职或者工作，想要好皮肤就多喝水早睡早起定期敷面膜，不久就能见到成效。

你会发现，变瘦变美又努力的自己，人生就像是开了外挂一样，自身就是发光体，那些曾经让你哭出来的事情，现在你能笑着若无其事地说出来。

[4]

毛姆在《面纱》里说："我从来都无法得知，人们究竟为什么会爱上另一个人，我猜也许我们的心上都有一个缺口，它是个空洞，呼呼地往灵魂里灌着刺骨的寒风，所以我们急切地需要一个正好的形状来填上它"。

爱情很重要，当我们没有爱情的时候，就把自己变成一棵高大的乔木吧，不依赖不寻找，为自己撑起一片晴朗的天空。

变成一个内心强大的女孩子，不要缺口，自己长成一棵树，自己撑起的天空，才最晴朗。

一个不甘于平凡生活和打破自己舒适区的人，不管在哪里，都不会过得太差，因为他心里的风筝，从不曾落下，他永远像一个不知疲倦的孩子在追逐着，世界对他来说，是一个游乐场。

追风筝的人

不知道从什么时候开始，我们都变成了害怕不安定的人。我们心里的那只风筝，还在吗？

[1]

临近毕业，我把四年来买的书准备处理一下，有个很久没见的学弟让我帮他留一本书。下午他在公寓楼下等我，一走出门我便远远看见一个衣着干净的少年，安静地站着。我对他的印象，仅仅停留在大一"招新"的时候，他穿着红色T恤，羞涩寡言地排在队尾等候着。

把书递给他后，断断续续聊了一些事情。忘了从哪里说起，最后要分别的时候，一抬头，天色已经很晚了，晚霞早已散尽，路灯悄悄地亮起来。

走的时候，他朝我挥挥手："回去我把那个蹦极的公众号推荐给你！"

我同样朝他挥挥手："好啊"。

一番淋漓尽致的交谈，让我觉得也很愉快，因为这个少年身上那种不灭的少年心和对于理想的坚持，让我也想做他那样的人，都说孤独可以蔓延，热血也是可以互相感染的吧。

2

我问起他是否选择考研，他不好意思地摇摇头："我坐不下去，我老想出去走走。"他笑了笑，看向远处，"我想去西藏看看，想在那里工作，所以，暑假的时候我打算骑行去西藏。"

我经常在他的朋友圈看他发一些骑行的照片，我以为这不过是少年耍帅的一种方式，没想到骑行对于他来说，有着不一般的意义。

我们就站在公寓楼下，我听他讲从大一到大三的经历。我饶有兴趣，一个对自己的信念和理想都很执着的人，必然有其与众不同之处。

他从天津骑行到秦皇岛，借住过民宿，也曾在荒无人烟一眼看不到头的国道上深感绝望。早晨七点出发骑行，连续骑行到晚上十几点，然后就地安营扎寨。

我想他比同龄人领略过更多的风景。凌晨的星光，午夜的风声，透彻的孤独，未知的前方。在风餐露宿的骑行中，身体变得更强壮，思想也在孤独和毅力的交锋中而变得成熟和睿智。

"我真的不喜欢安定的生活。室友天天除了打游戏就是睡觉，我躺不下去，就看书或者骑行，实在没事儿干了我就擦车。一遍一遍地擦。我经常一个人在宿舍楼道里擦车。"说到这儿，他自己也笑出了声。

一遍一遍地擦车，我不禁想起来很多壮志未酬的场景。侠客一遍一遍地擦拭着自己的剑，心里在酝酿着复仇大计；越王勾践一次又一次地品尝着苦胆，眼睛里闪烁着复国的烈焰。一个少年，在阴暗的楼道里一遍一遍地擦着自行车，想必心里也在想象着自己何时能踏上追寻理想的路，燃尽自己的热血吧。

3

"我的床上贴了一张地图。去西藏要翻八座大山，我天天晚上睡觉前看一遍，每一座大山的名字和海拔我都能背过去了。"少年昂起头，满满的自豪，"为了去西藏我又加强了锻炼，要骑行26天呢。"

说起西藏，他的眼睛里有奇异的光彩。我有些感动，我已经很久没有见到有人为了自己的理想或者是所爱而真正去做一些事情了。大部分人只是嘴上说说而已，他们心里的风筝早已落地。

"很少会有人毕业后选择去西藏，当所有的人都挤破了脑袋要去北上广的时候，你也真是一股清流。"我对他说道。

他又不好意思地抿着嘴笑了笑。

"现在太多的人都在追求安定了，他们也许想这样做但是不敢。家人也想让我回到家乡工作，回到家乡就会很快结婚生孩子然后看孩子，别说西藏了，恐怕连家都离不开。可是我还想再折腾几年，在外面闯荡几年，也许哪一天混得吃不上饭了，我才甘心回去。"

我仿佛看见他心里的那只风筝，骄傲地迎着风飞翔。《追风筝的人》里，哈桑对阿米尔："为你，千千万万遍。"少年对于他的理想，也从未放弃追逐的脚步。

为你，千千万万遍。

[4]

我看着少年的身影逐渐消失在夜色里。

真好啊，还有这样坚定的人。他的理想是折腾够了以后在西藏开一家小小的酒吧，结识来自天涯海角的人。能一伸手就牵到爱人，能一抬眼就看见蓝天，能一张嘴就呼吸到新鲜纯净的空气。

这是多少人的理想，多少人曾经在心里也偷偷地想过能够过上这样的生活，他们只是想想，然后又悲伤地义无反顾地投身于争名逐利中。灯红酒绿，纸醉金迷，宝马香车。心里的风筝早已被碾压得破碎，和热血消逝在一杯又一杯的酒里。

"我也曾经想过会失败。但是我现在也一无所有啊，没有钱没有房没有车，我折腾到最后哪怕失败了，也不过是回复到我现在的样子而已。再说了，但凡有一口气在，就不至于活不下去。最穷不过是要饭。"

"过几天我还要去试试蹦极，以前我坐公交都会晕车，现在长大了，想去挑战一下自己。人不能老是闲着。"他挠挠头。

我回过神来，想起他信誓旦旦的话。

"我不止一次梦见自己骑车在去往西藏的路上，所以这个梦是一定要去解开的。有一天，我要站在米拉雪山上向全世界呐喊，我期待那一天。"

一个不甘于平凡生活和打破自己舒适区的人，不管在哪里，都不会过得太差，因为他心里的风筝，从不曾落下，他永远像一个不知疲倦的孩子在追逐着，世界对他来说，是一个游乐场。

[5]

心里的那只风筝，还在吗？

因为觉知过去的自己是无比的灰暗，所以才想要变得更好。那些曾经自卑的时刻，都成了努力绽放的肥料，那些曾经被忽略的青春，都是人生里提前交的学费。

我所有的自负，皆来自我的自卑

每个人心里或多或少的都存在过一些自卑的时刻吧。而我最自卑的时候，是在高中的时候。

初中升高中，曾经的朋友分散到各个不同的高中里。上了高中以后，我一直不懂的是，我没有腋臭，没有传染病，也没有偷东西的毛病，也没有什么难言的怪癖，就是没有好朋友。

放在大学里，一个人独来独往很正常，谁会在乎呢。但是在集体活动很多的高中里，要是独来独往，真的是一件让人很难堪又很难过的事情。

那时候年龄小，心思又敏感，很想有个好朋友。可以一块去上厕所，跑操的时候站在同一排，可以一块去食堂的餐厅里吃午饭和晚饭。高中的食堂一到饭点，所有的人都像打仗冲锋一样，最好的办法就是几个人一起，这个负责买菜，那个负责买饭，这样才能在最短的时间里吃完饭回到教室学习。

然而班里的女同学，她们像说好了一样，每个人都有自己的小团体，我只能在外面远远地看着，怎么都融不进去。

我为了怎么解决吃饭的问题，困扰了三年。晚饭的时候，我就去学校的小卖部买个面包随便吃一下。一个人穿过空无一人的走廊，买回来食物，然后坐在座位上默默地吃掉。

也曾经算是有过一个好朋友吧，几乎把她宠到了天上，因为我太想有个朋友了。确实有那么一段时间，她也把我当成了朋友，难过的事情告诉我，我就用尽各种方法哄她开心。等到我难过了想告诉她的时候，她却敷衍着说要做题。我转过头就想哭。那时候我不懂也不理解，依然拼命对她好。她和另一个女生说话的时候，我很开心地走过去，她们马上就不说话了。

那时候我很胖，长头发乱糟糟的，扎成一束，穿着肥大的羽绒服，外面罩着校服外套，安静地坐在教室左边靠窗的第二排，黑天白日的在用过的作业本的反面演算着数学题。我有个女同桌，很瘦也很漂亮，数学又好，我就经常问她数学题。

在她眼里，大概我是很笨吧。有一次老师布置的一道作业题，有点难度，她看见我的作业本上老师打的红对勾，她说："同桌，你这是抄谁的呀？"

她的这一句话，让我难过了很久。

因为知道自己数学不好，天分不足，所以每天下了晚自习洗漱完后，还要开着应急灯，在昏黄微弱的灯光下，趴在床上做题，每次揉揉眼睛一抬头，闹钟上的指针已经指向凌晨一两点，旁边的室友传来均匀的鼾声。

十五岁这样美好的年纪应该是少女心刚刚萌动的时候吧。那时候的我在数学和肥胖的双重压力下，自卑到不敢和男生说话，但事实是除了我经常问问题的几个男生外，也没有哪个男生愿意主动搭理我。

我的后桌是个男生，高一那一整年，他就和我说了一句话，其他的话都和我那个漂亮的女同桌说了。没有对比就不会有伤害。

尽管我的语文和英语经常考第一，作文也经常被语文老师当作范文，但是我还是很自卑。

我害怕走在人群里，我也害怕被过多地关注。我觉得自己一无是处，又丑又胖，永远不会有人喜欢我。所以我躲在厚厚的书本后面，在很多个孤独又孤单的时刻，写完了一本又一本日记。在日记本的文字帝国里，我才能狂妄又自大，张扬又神气。

记得高三的时候，冬天的时候学校规定跑操。我的班级在三楼，下了楼之后还要走一段不长不短的路到固定的地方去站队跑操。看着她们三三两两地走下去，而那时的我自卑到甚至不敢自己走下楼，我觉得我依附于某个人身边才有安全感。

我记得那天，我看了看挂在墙上的钟表，在距下课还有五分钟的时候，犹豫了又犹豫，最后还是屈服于自己的自卑，我从草稿纸上认认真真地裁下一块纸，然后又工工整整地写上："××，下课后我能和你们一块去跑操吗？"

纸条递给她，我很忐忑，甚至有点脸红。

高中拍毕业照片的时候，每个人都拉着自己的好朋友站在一起，唯独我，默默地找了一个最边上的角落，合了影。照片洗出来，我在照片的边缘处，后来，这张照片被我压在抽屉的最深处。

现在想来，依然是让我有些难过的事情。

所以，我不是很喜欢去参加高中聚会，有没有我都一样，我清楚地记着他们每个人曾经有意或无意地带给我的伤害，我也不喜欢过去的自己和他们。

我瘦下来以后，有人会夸我好看。可能是我胖得太久，自卑得也太久了，我甚至打心眼里觉得夸我的人是在取笑我。我花了很大的力气去转变自己的态度，但是自卑得太久，都几乎要忘记了自信的模样。大二的时候，有一节课需要我上台做演讲，我向老师说："老师我有点紧张"。老师惊愕："还有你紧张的事情吗？"

我曾经玻璃心的程度很严重，我也曾经困惑于人与人之间该如何交往，也曾默默地为一些人咽下眼泪。我曾经一味的要求别人来理解自己，却忘了每个人都有自己的痛楚和苦难。我曾经固执地相信只要撞破南墙就会感动上天，殊不知那种无畏且无知的热血只会感动自己。而正是因为以前过于自卑的经历，所以才懂得为什么要看淡人与人之间的关系，为什么要变好变强，不仅是脸皮，还有心脏上的肌肉。

我现在每天自己上课去图书馆吃饭，活得很好，也有很多非常棒的朋友，也逐渐认识了一些很棒的人，对于人际关系的亲密或疏远，都已经不那么在意。不把情感寄托在他人身上的感觉也真是好到要飞起来了。过去的我永远想象不到，有一天，那个曾经要低到尘埃里的女孩子会变成现在的样子，每天元气满满，自带正能量小光环，坚持运动，坚持写文章，未来一步步走下去就好了。

我有很多的梦，还有很长的路。李宇春说过一句话："那些沉默的人，心里都藏着一个很大的梦。"因为觉知过去的自己是无比的灰暗，所以才想要变得更好。那些曾经自卑的时刻，都成了努力绽放的肥料，那些曾经被忽略的青春，都是人生里提前交的学费。

每一步路都有它的道理。而时间会证明，你曾经走的路，看的书，遇见过的人，流过的汗，遭受过的苦楚，会把你塑造成什么样的人。

希望每一步路都不是白走。如果你也曾经历灰暗，那么要振作起来，要努力改变自己不满意的，你看时间从不偏颇，曾经的我也没想到过会变成今天的样子。只要去努力改变，时间就一定不会辜负你的付出善良又努力的你，也一定会得到最温柔的答案。

就算上帝喜欢的女孩不像我，我也不会难过，我始终会遵从自己的内心，我曾真诚地爱过，我也热烈地活过，我坚定勇敢，光明磊落。

上帝喜欢的女孩不像我

跑完八百米体测，我听到体育老师报出成绩，四分十四秒。这是我大学体测以来最好的成绩，剧烈运动之后我感觉头晕眼花，从嗓子里升起一股甜丝丝的血腥味。我扶住操场旁边的铁丝网，低着头平静一下气息。

我听着旁边的女生在报成绩，三分四十秒，三分四十五秒。体育老师对着那几个跑出好成绩的女孩笑笑："跑得不错嘛。"

她们跑了三分几十秒还依然面色不改，呼吸如常。我跑了四分十四秒，已经累得气喘吁吁弯腰扶着膝盖站不起来。

她们真是上帝宠爱的女孩啊。

这让我想起来我曾经遇见过的集万千宠爱于一身的女孩，我想，她们才是上帝造出女孩的理由吧。她们有的天生丽质，自拍360°无死角，笑起来能融化冬天最坚固的寒冰；有的身材堪比模特，黄金比例，天生衣架，而且怎么胡吃海喝都依然是个让人嫉妒的瘦子；有的可以一眨眼之间就能解出我挠头抓耳想半天的数学题；有的唱歌音色俱全，驾驭得了任何一首歌；有的回眸一笑百媚生，追求者无数。

我曾经深深地羡慕这些被上帝喜欢的女孩。因为那些特质，我都不曾拥有。

初中和高中的毕业留言簿上，"同学印象"那一栏里永远是"字写得很漂亮，很可爱"之类的话。或者偶尔几句"有气质"就让我很欣喜了。因为不漂亮，能被人拿来夸奖的只能是"你很可爱"诸如此类的话。

曾经是个自卑到极点的胖子。把自己隐藏在宽松的运动装下，不敢穿牛仔裤也不敢穿裙子。连表弟都会恶意地嘲笑我的体重，我去跟我妈告状，我妈说看你自己胖得……少吃点吧。穿衣服只能穿最大码，管不住自己的嘴，边大块吃肉边流泪，自己都讨厌自己一身的赘肉。上了大学被朋友调侃："胖多好啊，大脸多旺夫啊！"

唱不好任何一首歌，从来不敢唱歌，和朋友去KTV只是坐在角落里成为一个安静的透明体。

复习高数的时候，被那些公式啊微积分啊难得掉眼泪。自己找了个自习室，咬着牙一道一道地做例题，心里就羡慕起那些看见一道数学题一声不吭就能把题解出来的女孩子。

我曾经多么羡慕那些被上帝喜欢的女孩啊。她们可爱又迷人。我知道，我不像她们，我也从未被上帝眷顾被上帝喜欢。

难道我没有那些令人喜欢的特质，我就不配拥有美好的生活吗，我就不值得被爱吗，我就要放弃变好吗。

汗水和泪水，只能选一样。

操场上一圈一圈的跑道，单杠上的影子，超市橱窗的蛋糕，都记住了我的汗水和瘦下来的体重。日复一日的跑步与饮食控制，体重计上逐渐下降的体重，身上越来越少的赘肉，我终于相信了坚持的意义。我给自己定的目标是在九月达到99斤，现在看来，也许等不到九月了。

有一句话叫作："连自己的体重都不能控制，又何以控制自己的人生"。现在觉得能把自己变成想要的样子感觉实在是太好了。

上帝不喜欢我，那是他的事情。他不喜欢我，并不能成为我自暴自弃放弃美好的理由。

为了强迫自己每天写点东西，我申请了微信公众平台，粉丝在逐渐增长，我通过它认识了很多人，也收获了很多。

虽然不漂亮，但我懂得："腹有诗书气自华"，内涵永远比大胸的保质期长，幸运只能用几年，而实力才可以行之永远。所以我希望在这塑造人生模样的日子里，尽可能地把根扎深一些，日后才能枝繁叶茂。

后来，我就不再羡慕那些被上帝喜欢的女孩了。因为我知道，被上帝喜欢，固然有了与生俱来的资本，但是，那只能让别人羡慕，而不能让别人敬佩。

我想通过自己的努力，成为自己喜欢的样子，管上帝是谁呢。

越来越知道自己想要的是什么，自己要追求的是什么，心里的目标也越来越清晰和坚定。

就算上帝喜欢的女孩不像我，我也不会难过，我始终会遵从自己的内心，我曾真诚地爱过，我也热烈地活过，我坚定勇敢，光明磊落。

就算上帝喜欢的女孩不像我，我也不觉得人生失败，我只觉得岁月精彩，爱恨都来。

正确的努力方式，来自独立思考，来自结合自身情况的分析。别人不是你，他们不知道你心中的千回百转。

我们都需要安静，思考，读书，学习。在安静中，雕刻出最好的自己。你不在安静中思考沉淀，没人替你成长。

你不在安静中沉淀，没人替你成长

忽而立夏，2017年正式过去将近二分之一。

回首不远处，寒冷冬日里的新年似乎还历历在目，曾经在心底里一笔一画设定好的计划，直到现在实现了多少呢。

当你走在实现计划的路上，总有几个声音质疑或者否定你，扰乱你。现在的世界，五大姑六大姨八竿子都打不着的亲戚甚至超市里的导购小姐都想充当你的人生导师，美曰其名："为你好"，但实际上，除了亲爹亲妈之外，根本没有人真正希望你过得比她们好。

他们说："姑娘，你应该拼命赚钱；姑娘，我教你如何挑选一个合格的男朋友；姑娘，你应当如何报复前男友；姑娘，你应该活得光芒万丈做个女王"。我每次看见诸如此类的标题，我就在想："我们姑娘是碍着你的道儿了还是怎么了？"

很多人过不好自己的生活，却妄图指导别人的生活。这个世界太大，各种声音太多，太容易让人迷失了。

我们迷失在钢筋水泥的城市里，每天为学业和将来的工作着急；我们迷失在过来人一句又一句的规劝里，在面对未来的选择时，不知如何是好；我们迷失在日复一日的焦虑和迷茫中，想要挣扎个所以然来却依旧浑浑噩噩；我们迷失在社交网络上的虚无里，耗费着最应该积累实力的时间却不自知。

还记得我们自己是谁？我们要去哪儿？我们想要什么样的生活吗？

昨天看了一篇文章，名字叫作《即使你不是巴菲特，你也应该每周拿出十小时来思考》。文章里说，股神巴菲特取得的商业成功离不开以下这些：保持日常的工作习惯与思维、远离圈子与喧嚣、读书、接受信息、学习、独立思考。关键性的思考时间，在当下这个复杂、快速变化的数字经济中，非常重要。

比如AOL（美国在线）的CEO提姆·阿姆斯特朗，每周抽出10%的工作时间、也就是每周大约四小时用于思考。LinkedIn CEO杰夫·韦纳，每天都安排不被打扰的两小时用于思考。比尔·盖茨每年专门抽出两周来思考、不许外人打扰，这事也已很有名了。

而我们这些永远迷茫永远迷失的人，最缺乏的就是在一段安静的时光里思考一下自己的过去、现在和未来。

鸡汤横行其道，励志文学占领高地。他们大多只告诉你努力是成功的必要条件，但却从没告诉你，没有正确的努力，成功不过是虚谈。于是它们如同精神鸦片，读完之后如打了鸡血般精神抖擞，热血沸腾马上想要开创自己的事业，但热乎劲儿一过去之后，你却根本不知道如何下手。

正确的努力方式，来自独立思考，来自结合自身情况的分析。别人不是你，他们不知道你心中的千回百转。

姑娘，你要有钱。然后说一堆有钱之后的事儿，让每个看了文章后的姑娘们一脸向往恨不得多点几个赞，然后晚上在有钱后的幻想中睡去。如何变得有钱，她可能自己也不知道。

找个安静的地方，好好想一想现在的你到底能值多少钱，如何让自己更值钱。除了家庭、出身和颜值，你还有什么技能或特质能够让你值更多的钱。

我身边不乏每天追剧追韩国综艺的人，也不缺每天看书、关注新闻、独立思考的人。他们让我觉得其中的差别是：迷失在电视剧中的人，往往容易活在自己的小世界里，把电视当成生活；而那些具备独立思考能力，安静独处的人，更清楚社会的现实，也更明白自己想要的是什么。

我并不是歧视追剧的人，我自己本身也看剧，关键是，能不能在看剧的同时，有些自己的思考。

我们都需要有属于自己一段安静的时间，来思考一下，自己身上的哪些特质能够发扬光大，哪些需要摒弃改正。

许下新年愿望时，每个人都想在新的一年里成为一个更好的人。海明威曾经说过："真正的高贵，是优于过去的自己。"成为更好的人不就是需要安静地思考自己哪里需要改进，自己想要什么样的生活，然后一点一点地改正和努力么。

我们太需要安静了，也太需要在安静里独立思考和学习的能力了。

我曾经加了很多微信群，但后来全部屏蔽。因为一些微信群不过是打着高大上的名义，而里面的成员不过是那些失恋的人，那些工作负能量无处发泄的人，那些下班不看书各种混的人，以及那些学得太浅工作太懒的人，每天抱怨这个抱怨那个，要么就一直斗表情包。

我不是老教授也绝没有说教的意思，我只是觉得，在自己最应该积累的年龄，不要错过提升自己的机会和时间。

那些真正有实力有钱有经验的人，会在QQ群微信群上一直聊天吗？人家都揣着更大的心更大的梦，努力忙着自己的事情，不在乎外界怎么说。一群失意的人，群聊谁比谁更失意吗？

我们都需要安静、思考、读书、学习。在安静中，雕刻出最好的自己。你不在安静中思考沉淀，没人替你成长。

愿你能够珍惜当下，若坚定了一条路，就别管别人如何说，大步向前走吧。

成长的某一刻也终于明白，失去比拥有更令人心里踏实。撞到南墙就回头吧，不是所有的坚持都会得偿所愿。先整理好眼前的生活。待岁月流逝后我们成熟，希望我们自然正装再相见。

成长是神经病逐渐好转的过程

高中的时候，家里的电脑坏了，我把它认认真真地用软布擦一遍，过了几天，电脑居然自己恢复正常工作了。从此，我开始相信万物都有灵性。之后，再遇见洗衣机洗着洗着不工作了，电脑突然死机等等这种情况，我都会轻轻地拍拍它，对着面前的机器自言自语："喂，你不要闹别扭，快点好好工作，马上就结束啦！""我给你拍拍，你赶快工作！"这个时候我妈看我的眼神就像看一个神经病。

和家里的狗在一块玩的时候，我抚摸它的时候，我总觉得它咧着嘴伸着舌头是在高兴地大笑。

我觉得每一件衣服也是有灵性，穿一段时间后就应该把它洗好晾干，折起来让它好好休息一下。

我喜欢花，但我从来不摘花。我觉得摘下来花的时候，断痕处流出来的汁液是植物的血，它会很疼。

高中的时候学习生物，算遗传病的概率永远是我最头疼的事情。试卷上的题目中，一个家庭中有人得色盲，有人得血友病，有人得白化病，然后算后代健康的概率。后来我问老师，这种题不科学啊，现实中没有一个家庭会这么惨的。

那时候我不喜欢被别人踩到影子，一直固执地认为影子是另一个自己。

异常固执地从来不踩井盖，担心掉下去再也回不到这个世界。

以前，站在很多人面前就敢唱自己编的歌，就敢跳自己编的舞。

我还相信这个世界上有吸血鬼有外星人，每个人都有自己的星星守护着。

我不懂得什么是喜欢，什么是想念。

我不会因为某一个人的某个表情或者某句话就情绪失控。

我有很多很多的梦想。

我以为每天在一起玩的伙伴能永远不说再见。

……

之前的我就是这样近乎神经病一样的生活着。

现在电脑还是会偶尔卡，鼠标一动也不动绝望地挂在显示屏上。我也懒得再说很多好听的话安慰它，就一直盯着屏幕和它较劲，最后总是我放大招——一键关机重启。

后来发现，很多事情到了无可奈何处，关机重启，总会一片明朗。

得了大多数女生的通病，一到换季就觉得没有衣服穿，衣柜里的衣服明明就已经塞得满满的。我很久没在乎衣服休息得好不好了。

有时候会闷闷不乐，有时候会钻牛角尖，胡思乱想，感觉自己很悲惨。有时候觉得自己的心情特别好，无所不能，什么事情都能做。这两种心情都会有，两者反复的概率差不多，时间在这样的反反复复中过去，逐渐变得现实，更现实，也只能现实。

我再也没有很多的梦想，我开始平心静气地表现得什么都不想要，是因为我发现我长大后我从来就没有得到过我想要的。人们说这就是成熟。

暗恋过、喜欢过、失去过。依然相信爱情，只是不再相信爱情里的人性。有时候偶尔看到能够牵引回忆的一句话就能推翻我曾经所想通的一切。真正的绝望跟痛苦、悲伤都没有什么关系，真正的绝望让人心平气和，让我意识到我不能依靠任何人得到快乐和安全感。

是啊，我开始变得正常，正常得不得了。每天上课看书运动。情绪可以自己消化，委屈的心不再需要安慰，孤独的时候不再需要人陪。别对我抱太大期望，我不想有太大的负担，我只想做好我自己。

也想偶尔打扰一些人，可是没有话题也缺少身份和勇气。那些想说却不能说的话，最后都变成了转发。微博的转发，朋友圈的分享。

见到厌恶的人想骂一万句最终一句没说，遇见喜欢的人想说一万句最终也是一句没说。骄傲和谦卑，在两种极端面前，使用同一个答案。越长大，越不想说话，不说话，就可以把疼忍住，把恨融化，把爱记住。

那些失去的人和物，那些成长中在旁人看来非常神经质的一些行为，终将在渐渐成熟中消失或者隐去，成为一个越来越正常的大人，那些新奇的想法，那些异想天开的念头，最终都会被现实里的问题替代。成长啊，就是一个神经病逐渐好转的过程，在这个过程里，所获得的远远比不上所失去的。成长的某一刻也终于明白，失去比拥有更令人心里踏实。撞到南墙就回头吧，不是所有的坚持都会得偿所愿。先整理好眼前的生活。待岁月在流逝后我们成熟，希望我们自然正装再相见。

清晨六点钟，布谷鸟未眠。人生有很多美好和小确幸，早起一点儿的人，才能比其他人，更早看见。

清晨六点钟，布谷鸟未眠

川端康成写过一句话："凌晨四点醒来，发现海棠花未眠。"

我相信，我们中的大部分人，除了赶火车飞机或者有要事出门，抑或是在长途旅行中颠簸的大巴或者火车上不分昼夜，突然醒来，半睁着惺忪的睡眼，才会拥有一个凌晨。

他们对早起这件事是深痛恶绝的。而我不然，也许是从小就养成的习惯，也许是在晨起中获益甚多，我从不抗拒早起。

家庭出现了变故以后，我就从城市搬到了乡下的外婆家。若是跟在父母身边，那么幼童可能会有撒娇获得宠溺每天睡懒觉的机会，而我每天会按照外婆的作息时间，早晨早早爬起来，在院子里和小狗跑来跑去追着玩耍，然后等着吃饭。

夏天的清晨，五点多起来，空气中还带有凉气，我穿了外套，在家门口走来走去，墙角深绿色的叶子上甚至还带着一两颗露珠，麻雀还没有动静，布谷鸟躲在我看不见的地方发出"布谷""布谷"的召唤同伴声。我从地上捡起石子儿用力朝它扔去，只听见扑棱棱扇动翅膀的声音，我还是寻不着它。于是赌气往荷塘边走，运气好一点儿的话，能看见有着翠绿色羽毛鲜红爪子的翠鸟。它们静静地站在荷塘中坚韧的芦苇枝上，我一走近，它们就警觉又迅速地飞起，发出清脆的叫声。

此时的荷塘很安静，氤氲着一种朦胧的雾气，偶尔一两下蛙声，哈巴狗儿往往被这毫无征兆的叫声吓得怔在原地，随即又在我身边的哈巴狗儿在我身边跑来跑去。我拍拍它，告诉它："你认识那种鸟吗？是翠鸟啊，我们课本上有篇课文讲的就是它……"

累了就抱着狗坐在外婆的躺椅上看奇妙的天空，东方的天空上开始出现大面积的红色，稍微不注意，太阳就露了半个脸，像初次见人的小女孩，脸红到了脖子根。等它完全升起来，脸就变成黄色的了。

我也在摇椅上，被清晨最温柔的阳光包围着，不想起来。

上小学的时候，学校纪律严格，三年级的学生就要上早课。我担心早上迟到，于是就把闹钟设定在五点半。有一天夜里突然醒来，看了一眼闹钟，已经六点半了。我慌乱地穿好衣服拿起书包就往外跑。月明星疏，夜色依然很好，路上一个人也没有。我一个人在路上边着急地赶边嘀咕："路上一个人都没有，真的是迟到了啊！"我火急火燎的赶到学校，却发现学校大门还没有开。于是我去敲守门人的门，我攥着拳头敲了好多下，朝里面喊："叔叔，学校怎么没有开门啊？"

守门人的灯亮了起来，窗户变成一块橘黄色的长方形。"你这个傻孩子，现在是晚上啊，才十二点多啊，捣什么蛋呢，快回家去！"他说完就关了灯，我放下踮着的脚，坐在守门人门前的水泥台阶上，托着腮想了一下。

原来我把晚上的十二点半看成六点半了。我回头看了眼黑洞洞的学校，站起来一个人拖着书包慢慢往回走。水泥台阶上的露水沾湿了我的衣服，我并不觉得害怕，就是有点儿莫名的委屈。

路上一个人都没有，月光很好，我能看见地上的影子。远处的居民住宅看起来像一个个睡着了的大怪物。我攥紧了书包带子，四下瞧着，只有各种不具名的虫子的叫声。

突然，我看见远处黑蓝色的天空中有一颗星星急速地掉下来，然后是第二颗、第三颗、第四颗，掉到我看不见的地方去了，被树遮住。突然，很多星星都从天空的同一个方向哗哗往下落。我看呆了。手里的书包重重落到地上，那一刻，我觉得我无法思考了。那样的盛况，很多很多年过去了，我依然记得。后来长大了经常关注流星雨的动态，甚至熬到半夜刻意地等待，但再也没遇见过了。

回到家翻到床上就睡着，早晨起来像是梦游般做了一个梦。梦境如此清晰，以至于让我有了这样的一种观念，早点起来，就能遇见很多别人看不到的好玩的东西。

时至今日，我依然在每天六点之前睁开眼，然后等着手机闹钟响起第一声的时候准确又迅速地把它关掉。有一天，我睁开眼，从窗帘的缝隙中看见外面微弱又温柔的阳光正从树叶的罅隙里穿过来，甚至有久违的布谷鸟的叫声，"布谷，布谷"，突然有点感动。恍惚间，又仿佛回到了童年，那只早已经故去的哈巴狗儿正在床前摇头晃脑地等着我去玩。

有人问我，你每天起那么早干什么？

我说，读英语，看摘抄，感受一天之中最温柔的阳光。

每一天的清晨都不一样，每一天的阳光也不一样。清晨的时候，海棠花最饱满，微风的力度最温柔，阳光洒在脸上，湿度刚刚好，神清气爽。人很少，校园很安静，整个世界都很安静。人生中很多事情不能把握，唯一能够让我清楚操控着的，只有早起了。我感受着清晨细微的时刻，往往这些细微的美好就能带给我一整天的元气。

清晨六点钟，布谷鸟未眠。人生有很多美好和小确幸，早起一点儿的人，才能比其他人，提前看见。

春日落，秋风起。日复一日你不再那么年轻，我也不再是无知幼童。我不敢不努力，我最怕辜负你。

春日落，夏风起，我最怕辜负你

[1]

我不会讨人喜欢，从小就不会讨人喜欢，而且特别淘气不省心。上幼儿园的时候欺负别的小孩，抢了人家的玻璃球就跑回家，有时候还把那些文文弱弱的小姑娘弄哭，天啊，我怎么知道小女孩那么容易哭，不过是扯了几下小辫。隔天，人家家长就找到了我家找我妈告状。

我妈说，一个巴掌也拍不响啊，小孩子的事情不要那么当真嘛。等人家走了再关起门来把我结结实实地揍一顿，用那种老式扫帚，往身上打。我也不傻，我妈拿起扫帚要揍我，我就跑，跑出去之后就不敢回家了，到了天色擦黑的时候，就在胡同口处来回转悠，坐在石头上看飞翔在夜幕中的蝙蝠，发出"啾啾"的沙哑的叫声。

等我醒过来，就是在自己的床上，已经是第二天早晨了。直到上了小学二三年级，我偶尔还是会因为数学考得差而挨顿揍，但也习惯了。被打完了抹着眼泪继续看动画片。

现在想起来，那时是真的不省心，我自己都想揍小时候的自己一顿。因为长大了才理解了我妈的不易，也暗自庆幸，是我妈这样的人当我妈。

［2］

我爷爷是个退伍的军官，我妈年轻的时候长得好看，有稳定的工作，家世又清白，我爷爷就托关系找人给我爸说媒。然而我奶奶喜欢男孩子，而我偏偏是个女孩子，自然不受她待见，甚至连带着我妈。我爸这个人没什么担当，听命于母亲，选择了母亲为他选择的另一个女人。我妈那种性格，哪能受得了这样的气，带着我毅然决然地离开。我现在觉得这情节简直跟国产电视剧一样。

所以接下来的很多年，都是我和我妈在一起的日子。直到现在，我也并没有觉得我和别人有什么不同，包括衣食住行，甚至会觉得比别人还好。现在想来，是她一个人付出了两个人的爱。

我小时候特别容易生病，动不动就发烧，烧得神志不清喊名字都不应的那种。有时候是在冬天的半夜里，我妈就背着我去医院看病，遇上下雪的天气，更是艰难，不仅要把我包得严严实实，还要冒着风雪。看完了病还要再把我背回去。

小时候我妈给我订很多好玩儿的画报，我最喜欢的就是晚上睡觉之前，我妈给我讲画报上的那些恐龙故事，给我念儿歌。我记得有次放假回家，我骑自行车出去玩，我妈说，你还记得你小时候吗？自行车一响，你就说那是自行车在唱歌呢。

我疑惑地看着她，她自己倒笑了起来："你看你，都不记得了，怎么这么快就长大了。"

我小时候，她上班没多久，很忙，像每一个入职的新人那样忙得昏天黑地，不像现在天天闲得没事情做早晨七点打电话问我有没有起床。所以我大部分时间都是自己在家，她也没空陪着我玩。有一次我在家等着我妈回来做饭，等到动画片都播完了，我妈还没有下班。于是我学着我妈的样子，淘米煮粥。结果米放得太多粘了一锅底。我妈回来之后什么也没说，摸了摸我的头，和我一块吃了几乎糊掉的米饭，那年我应该是六岁。

　　慢慢长大一点，就不再那么让人操心了，成绩也好，尤其是语文和英语，简直每次都能排前两名。这不是我说大话，不信你问问我当年的小学和初中同学去。这样的成绩多少让她自豪一点，不会再有人来我家告状说我欺负他家小孩了。

　　我前二十年所经历的人生事件中，很多事情都是我妈自己一个人完成的。比如单位上的家属楼建设以及这种需要男人来完成的很多繁杂又琐碎的事情，我妈都漂亮地解决掉。送我去上中学，高中，大学，送我看病，拔牙，都是我妈自己一个人。

　　后来上了高中也没觉得比别人差，大学更是如此。我妈影响了我很多方面。比如我曾经问我妈："我要去申请贫困生助学金吗？"

　　我妈反问："你觉得你需要吗？你缺少什么吗？自己想要的东西，要靠自己的努力去买。不要用同情来换取自己想要的东西。"后来我再看到那些看起来根本一点儿都不需要助学金的人去申请助学金去站在讲台上说自己有多需要这笔钱的时候，我就觉得有点奇怪。大学几乎过去了，我从没想过要去申请，甚至因为这个错过了国家励志奖学金，但是又有什么关系，我根本不在乎这个。

　　我妈很少买衣服，但买的衣服却能穿好几年都不会变形也不会过时。每次买完打折后还很贵的衣服就告诉我说，衣服要整洁，设计和质量都要好，不要穿得像个彩虹糖一样，流行不一定代表适合你，如果不知道流行什么，就买最经典的；喜欢的衣服不要经常穿，要让它歇歇，它才会保持最好的原来样子。后来回想，这真的是女孩子最应该知道的事情。

　　小时候最喜欢吃完饭后，牵着我妈的手一起散步。我对我妈说，妈，你看起来真的很好看呢。我妈就低着头笑，然后接着说，肯定啦，我是永远二十八岁嘛！突然想起来，我这个经常自诩"永远十八岁的少女"，还真颇有她当年的风范。

她喜欢零食，经常买一堆一堆的零食，和我争着吃，终究是争不过我，否则我小时候可能就没那么胖了。她还和我一块看电影，我记得看周星驰的电影时，她笑得比我还厉害。这么多年和我妈一起生活的感觉就是，我好像和一个既是朋友又是姐姐还是妈妈的人生活在一起。真的是天底下最幸福的人。

　　我说不出具体哪些影响，但现在我觉得我没有变成那种偏激消极悲观怨天尤人的人，反而每天过得很开心很乐观地看待事情，有很棒的朋友，也能用自己的力量去帮助别人，这才是她对我最大的影响。

[4]

　　在外面漂泊久了，就学会了报喜不报忧。每隔两三天给她打个电话，她先问我今天吃的什么呀，我老实回答之后顺便抱怨一下食堂的饭，我妈安静地听完就开始给我汇报她今天和我外婆一起做了好吃的饺子煎饼哦，听得我思乡心切几乎涕泗横流的时候酷酷地来一句："没什么事儿就挂了吧。"

　　前几天我给她打电话，她在电话里给我嘚瑟。说她在大街上遇见了一个算命先生，她让算命先生给我算了一卦，说我以后命好着呢，会成为很厉害的人，会有一个很棒的爱人。

　　我笑得不行，憋着笑问她，你花了多少钱。

　　她说，五十。

　　我憋着笑，心想，妈啊，你还真是越来越少女了，五十块钱，人家不得往死里夸你闺女啊。

　　我说，嗯嗯，人家这样说，那你就信呗，毕竟钱不能白花不是。

[5]

　　春日落，秋风起。日复一日你不再那么年轻，我也不再是无知幼童。我不敢不努力，我最怕辜负你。

从小到大，我从来没见她掉过一滴泪。直到她送我上大学回去那天，她在车站哭得稀里哗啦像个小孩子一样，隔着玻璃朝坐在公交车里的我拼命挥手，另一只手不停地抹眼睛。我看着她的身影渐渐模糊。

我最怕辜负你，因为我记得你的眼泪，也记得你的爱和勇敢。

我会向你证明，那个算命先生的话是真的。那一天，并不遥远，把你曾经给我的爱，我加倍还给你。

所有的得到
都是努力之后的
水到渠成

———●———

第三辑

自己不努力，

谁也没办法拉你。

人生说到底，

哪有什么运气爆棚，

不过是水到渠成。

我们中的人倾其一生都在愕然中思忖，为什么费尽心机地想要像别人一样，获得好的评价、认可、运气，到头来却发现只落得无意义的人生。我们相信追逐繁星会有回报，却忘了繁星闪耀是因为努力地争取太阳的光芒。

哪有什么运气爆棚，只有水到渠成

[1]

考研拟录取之后，满心欢喜，抑制不住地在朋友圈发了一条"拟录取"的状态。评论下方一片恭喜声。我诚惶诚恐地回复着每一条评论，回复的时候不忘附加一句："我运气也够好。"

怎么说呢。

初试的分数不算高，但绝对够用，政治低分过线，然而英语却高分救命。看着那一列分数，我不禁后怕又感慨："我运气是真的好，要是英语考不了这么高，我哪能进复试呢。"

复试的时候，我也觉得足够幸运。被分到小组不靠前也不靠后的位置，进去面试的时候抽到的题也不算难，回答如行云流水，一气呵成。走出面试教室的时候，只觉得浑身通透。

深夜和朋友聊天，我说，考上真是全凭运气啊。

他说，不对，运气只是一部分，你本来就很厉害啊。英语考那么多，也不是说复习一两天就能考到的，复试的时候觉得问题简单，那是因为你对专业知识足够熟悉。

听了他说的话，我心里掠过一丝的疑惑。定下心来，回想自己经历过的每一天，日复一日，三点一线，早起，背诵，看书，晚睡，没有玩过手机，没有出过校门。方才明白，我一直都对自己充满了误解，哪有什么运气爆棚，所有现在的一切，不过是水到渠成。

我原谅了那个一直想依附于好运的自己，也明白了那些光鲜人生的背后，是点滴积累的水到渠成。

[2]

现在人们一谈到朋友圈里微商就对此嗤之以鼻，总觉得他们是卖的三无产品，靠的是虚假转账截图来诱导身边的亲朋好友购买。但在我的朋友圈里，有一个叫作麦子的姑娘，靠着自己的狠劲和韧劲，硬是把微商做成了自己的事业，团队有两千多人，给自己的父母买了房子，还给自己买了一辆玛莎拉蒂。

她活成了很多人羡慕的样子。

有的人会说，她好幸运，赶上了微商的红利期，能挣那么多钱也是自然的事情。

有人会说，人家命好呀，做什么都赚钱。

我曾经仔细地翻过她的朋友圈，她的事业从开始到现在，看起来顺风顺水，我颇为失望，我觉得也许这个世界上真的有上天眷顾的人吧。

我特意跑去问她。我说："你真的好幸运啊，一路走来，做微商这么顺利"。

她说："如果谁觉得我是运气爆棚，那是对我的侮辱，就算是有好运气，那也不会是平白无故的。我一路走来，确实比较顺利，推销产品也没有遇到什么困难。但是，在这之前，我花了五年的时间去积累和维护人脉，混各种圈子，认识了很多人。后来又辞职去支教，旅行。后来推销产品的时候，过去的这些经历给了我很多帮助。"

你看，上天不会平白无故地眷顾一个人。你赤手空拳地站在那里，运气是不会来的。

[3]

寒假结束的时候，由于学校还没有开放宿舍，我便在朋友圈里发布了一条找房子的消息。我朋友看到后，他给我发消息说，我这儿空余一间，你要是不嫌弃就住吧。

我诧异，问他："你不是自己住吗？哪来另一间多余的房间？"

他说："我租了一整套，一个人住着舒服。"

我又问："那你房租得多少钱呢？不对，你工资多少才支付得起一套房子？"

他回复了一个贱贱的表情，然后紧跟着是一个接近一万的数字。

他和我一样，大四即将毕业，一个月的薪水已经超过了很多的同龄人。

也许在别人看来，他进了一个好公司，找了一份好工作。可是，所有繁花似锦的闪耀，都来自平凡时的不折不挠，功夫到了，自然接下来的事情就水到渠成。

他从大二的时候，就折腾着自己创业，在我们学校旁边的小吃街上，租了一小间房子，开了一间小小的酒吧。不仅如此，他还担任着学校社团的社长和一个项目的校园代理人。

我记得那时候的他，从早到晚，几乎都在忙个不停，有接不完的电话，有开不完的会。有时候会在朋友圈发一条谁也看不懂的状态，几秒钟后又马上删掉。发消息问他怎么了，他说一切都好。

经历了酒吧倒闭，炒股赔了几万块，最后他还是熬出来了。他这几年的闯荡和阅历，足以配得上这么高的薪水。

你只看到别人表面的运气爆棚，却从不知这运气，也只是量变促成质变，一切水到渠成而已。

[4]

记得冰心有一首小诗：

成功的花，

人们只惊羡她现时的明艳！

然而当初她的芽儿，

浸透了奋斗的泪泉，

洒遍了牺牲的血雨。

我们中的人倾其一生都在愕然中思忖，为什么费尽心机地想要像别人一样，获得好的评价、认可、运气，到头来却发现只落得无意义的人生。我们相信追逐繁星会有回报，却忘了繁星闪耀是因为努力地争取太阳的光芒。

我们在生活中往往把一个人的成功或者发迹归结于好的命运或者是雄厚的家庭背景，但却忘了，即使命中注定或者阴德庇佑，自己不努力，谁也没办法拉你。

人生说到底，哪有什么运气爆棚，不过是水到渠成。

"天赋比不上别人"永远不能成为放纵的借口，更应该是奋斗的动力。

你真的拼尽全力了吗

我坐在图书馆的长椅上，刚看完了一本书，与考试无关。

落地玻璃窗外面晴空万里，碧空如洗。我看见绿的树梢反射着灼热的太阳光，远处的吊车在缓慢地运行施工，天很低很低，云很低很低，我觉得只要我爬到楼层的最高处，就能摘下一片云。

我在看着窗外的天空发呆。旁边有个男生在低声背英语。哦，明天考四六级。我并不太在意，因为好几天之前我就已经放弃了做题，准备赤手空拳地裸考。

原本信誓旦旦地向自己许诺说六级要考多少多少，刚开始的时候还满腔热血，每天记单词，隔天复习前天的单词，斗志昂扬。后来，渐渐松散。单词书也被撂到一边休眠。

我并没有为自己的目标全力以赴。

后来想想，我曾经抱怨自己的英语竞赛为什么拿不到一等奖，四级分数不够高抱怨自己的耳机中途罢工，不能穿好看的衣服抱怨自己为什么那么胖，Photoshop嘴上说着学了那么久却连一个像样的作品都拿不出来。

我真的尽力了吗？

我想起来之前看过的一个冷门的NBA故事。

马刺队中有一个常年坐冷板凳的饮水机球员，叫杰夫·艾尔斯。即使是最铁杆的刺迷，对他最深的印象可能也就是时常莫名其妙的黄油手了。就这么一个无人关注的球员，在一场马刺大胜太阳的比赛中，却因为自己差劲的表现而抱头痛哭。

那一场比赛，马刺全队所有人都得分了，于是得分的队员故意把球都给他，让他也得分，结果打到最后他都一分未得，他失声痛哭，感觉自己对不起队友和教练的鼓励和帮助。

这个球员的表现深深刺痛了我，也深深感动了我。

每支NBA球队里都有一个艾尔斯这样的球员，他们这些人会懂得要去热血抢拼，要在训练里努力表现，并且明白要保持沉默。这不只是养家糊口的工作，这要付出更多。因为他们依然有自尊心。

不管怎样，艾尔斯已经是这个星球上最好的500位篮球手之一了。

看这篇文章的你们，有谁是这个世界上最擅长某件事情的500人之一？

艾尔斯在全世界的任何地方打野球，他绝对可以完爆四五个像我们学校的篮球队员这样的无名之辈。

然而，艾尔斯在NBA打球的时候又是另一番光景了，他要面对全世界最好的前0.3%的球员，而他自己正好只是处于0.4%的那部分……

或许，我们看到的眼泪，是一个篮球运动员得知自己的NBA生涯终结后的情感发泄。在队友的帮助下也未得一分的他意识到，不管自己多么努力，不管自己如何尝试，不管自己有多在乎，到他这个份上，是真的再也无力回天了。

那美好的一切就在他的面前，距离那么近，即使所有的人都拱手相让，他就是抓不着。

艾尔斯就像我们这些平凡人一样，当你全力以赴地去努力时，才会明白天赋的重要性。更何况，很多时候，我们根本做不到全力以赴。

当你意识到穷尽一生的努力都够不着别人的天赋时，你无比渴望的成就无论如何都实现不了的时候却看见他人轻轻松松地就能斩获，那巨大的失落感需要如何平复乃至扭转，真的需要一段极为漫长的时间。

当我们看到艾尔斯痛哭时如此刺痛的缘故即在于此。

可是，若不热爱，怎会痛哭？

哪怕意识到这辈子最强也就只能达到某个层次，但我也要为自己所爱的事物燃烧全部的能量啊。

我知道这世界上有些人是语言天才，世间少有，但我不想放弃自己对英语的热爱和追求；我知道我永远不能瘦成模特的身材但我依然在坚持跑步和克制饮食；我根本不会成为一个设计师，但我还是想把Photoshop学好。

"天赋比不上别人"永远不能成为放纵的借口，更应该是奋斗的动力。

我想，此刻我该拿起英语背一背。我应该在最后一刻拼尽全力。想起《灌篮高手》上安西教练说过一句话："直到最后一刻，都不要放弃希望。一旦死心的话，比赛就结束了。"

当自己为得不到的事物悲伤时，愿你想一想艾尔斯的哭泣，然后问自己一句："你真的拼尽全力了吗？"

人生残酷，现实生活更残酷，岁月静好是需要一定条件的。能得到的，但凡有点希望，就一定要拼尽全力去争取，想要的东西永远不要依靠别人给，要靠自己的努力。看淡所有的亲密和疏远，没有永远不离开的人，没有不散的宴席，你永远都是你自己的主角。

愿你早些感受到世界的恶意，然后开启爱谁谁的快意人生

我大二的时候喜欢过一个学长，最近他找了一个女朋友。

我一个好朋友特别生气，隔着手机屏幕我都能感受到远在几百公里外的她打抱不平的怒气："昨天看女孩照片就觉得完全理解不了她哪儿好，因为哪哪儿都比不上你，一肚子怨愤，一想这是别人选择的权利，我也不好评价什么，大家都看开，过得好就行了。"

我说："哈哈，是啊是啊，大家现在过得好就行了"。

我室友靠在枕头上看手机，眼皮也没抬："你可长点心吧，人家宁愿要个没你好的也不要你。"

我脸上仿佛挨了一记响亮又沉默的耳光。

我扯了扯嘴角，露出一抹苦笑。再好也抵不过不喜欢，那再好又有什么用呢。世界向来如此，徐志摩说过："得之我幸，失之我命"，也不过是面对求而不得时的自我安慰罢了。

转而叹息一声，算了，谁在乎呢，我早已领教过世界的恶意。

以前因为太胖而被恶意地嘲笑，甚至最亲近的人也曾嘲笑过我；瘦下

来之后有了A4腰还被同学说："你用的8K的纸吧？"曾经视为知己连心几乎都要掏出来给她的人背地里却说尽了我的坏话让我心寒如冰；曾经处在最煎熬最灰暗的人生低谷里却得知挚友自杀的消息，双重煎熬里，我头一次知道，连炽热的，晒得地面发烫的阳光也可以是冷的。

我曾经毫无尊严拼命地挽留过一个人。

我也曾经焦虑地等待过一个人的消息。

我也曾经在深夜里辗转反侧地失眠过。

我也曾经因为紧张，站在台上，面对底下窃窃私语甚至笑出声的观众不知所措难过得想哭过。

我曾经被看低过。

我也曾经因为被同学误解而被莫名其妙地斥责一通而偷偷掉过眼泪。

我也曾经因为涉世未深而被兼职中介里看起来和善的姐姐骗过。

我也曾经在人际关系中被人莫名地亲密又被莫名地疏远过。

我也曾经见识过一个人变得有多快有多让人猝不及防。

我也曾经体会过昔日里亲密的人为了家庭利益而变得针锋相对过。

……

我现在变得特别现实，没有别的办法，只能现实。

总有些读者会以为我是80后，是男孩子。等你经历过世界这么多的恶意，你就会明白，很多事情，看开了，对于难过近乎麻木，就已经没那么敏感，也不在乎了。

喜欢我还是不喜欢我，好还是不好，关注的人多少，都去一边吧。你说要温柔一点，我说好好好，可我根本就没在反省好吗？我只想过喜怒哀乐全凭自己控制的快意人生啊！

我烦透了网上流传甚广的鸡汤段子，我也从不屑去看那些人生道理。前几天我在某个社交平台上看见一篇十几岁小朋友写的文章，告诉我："一个姑娘的格局远比漂亮重要"。我看了一遍，根本没有弄明白她所说的格局到底是什么。滚犊子吧，十几岁的小姑娘也想当别人的人生导师，那么早熟真的不太好。我就觉得，格局重要，漂亮也重要。

前几天另一个姑娘不辞辛劳地从知乎上找到我的微信公众平台，又从公众平台上找到我的个人微信号加我，跟我诉苦说男朋友劈腿找了一个各方面都和她相反的女孩子。她"130斤＋"。姑娘，人家和你分手就是嫌你胖啊！

有个男孩子在公众号后台留言说，女朋友总爱在他面前提前任的各种好，说他这不好那不好。小伙子，人家就是把你当备胎了啊！

我不喜欢你，我不仅嫌你矮还嫌你长得丑啊。

我不想理你，你给我发个红包我都不想领啊。

等你领会到了世界足够的恶意，痛彻奋起之后，开启的才是另一番快意人生，因为不在乎了，反而被越少地占有。

有时候挺心疼咪蒙的。在一本书中，咪蒙写道："爸爸出轨，妈妈被小三殴打，13岁的我拿着菜刀去砍人。目睹我爸和小保姆在床上调笑，看着他换了一个又一个的情妇，父母离异又复合、复合又离异……"，"我爸的儿子，比我的儿子还要小7岁"。

小时候的咪蒙被生活虐得遍体鳞伤，阅尽了世间冷暖。早已领教了世界的恶意，从而看透人性和世界的本质，因为不在乎，才能放开怀，写尽揭露人性丑恶刷爆朋友圈的文章，快意恩仇里早已是另一番女王人生。

我不仅希望你能早些领略到世界的恶意，更希望你能在遭到世界的恶意后，能努力去变成一个厉害的人，然后去打整个世界的脸。"哀莫大于心不死"，即使身处沙漠，也要开出花来，即使世界以痛吻我，我也要继续生猛下去！

胖的话就马上换鞋去跑步变瘦，黑的话就坚持敷面膜出门打伞涂防晒。英语不好就多听英语多记单词看什么韩剧啊，想念一个人就告诉她，好吃的马上就去吃，喜欢一个人马上去表白。被拒绝之后努力变好变强去挖墙脚啊！反正到最后是属于你的，着什么急啊。没有挖不倒的墙角，只有不努力的弱者！思前想后屁用都没有还浪费时间。

真正的勇士，就是敢于面对世界的恶意，并且明知打不过，也敢于接招和过招。

"你说我曾经做不到的，你看，我现在做到了嗷。"

我不仅要做到，我还要对全世界卖个萌呢。我虽然现实，但永远有颗十八岁的少年心嗷。

等你真的变强了，你才会发现，买错个东西，爱错个人，哪怕入错了行，有什么怕的，你真的错得起啊！

真的，等我瘦下来之后我才觉得真好，衣服都变大了真好，还想继续瘦下去，想嗷嗷叫着让全世界都知道。英语学好了真好，书看得多了真好，变白了真好。就想一路开挂着走下去，别人如何说，根本不重要。

我就是想传达给你这样的价值观：人生残酷，现实生活更残酷，岁月静好是需要一定条件的。能得到的，但凡有点希望，就一定要拼尽全力去争取，想要的东西永远不要依靠别人给，要靠自己的努力。看淡所有的亲密和疏远，没有永远不离开的人，没有不散的宴席，你永远都是你自己的主角。

《马男杰波克》里说："世界考验你，周围的人不正眼看你，但电影必须是这样演。否则最后，你得到一切时，就不会有苦尽甘来的感觉。虽然你身边到处都是混蛋，但最后都没关系，因为这部电影主角不是他们，主角从来都不是他们。"

你的生活，主角永远都是你。祝你领教过足够多的恶意之后，早日开启你的快意人生。

尽自己的努力，改变自己不满的现状，去得到自己想要的东西甚至生活，即使最后得不到自己想要的，也有拒绝自己不想要的能力。这才是努力活着和生命存在的意义。

你若咬定了人只活一次，便没有随波逐流的理由

为了考研，暑假回校学习。来学校的第二天，图书馆闭馆，餐厅只开了一个，连打饭的阿姨都心不在焉的样子。

天热得要命，刚冲完澡一转身又是一袭汗。早晨六点钟起来，天空灰蒙蒙的，好像压得很低，丝毫听不到风吹过的声音，只有无处可逃的蝉鸣，不绝于耳。整个学校淹没在热气与蝉鸣里。人在这样的环境里，情绪也难免有些压抑。

我坐在阶梯教室的最后一排，一抬头就能俯视整个教室。每一排都坐了人，没有人的位置也用书占了座。教室里的五台风扇全开着，隐隐的轰鸣声从早晨七点半持续到晚上八点。教室的窗外是条广阔的马路，不时有鸣笛的汽车，鸣笛声自远而近，又自近而远地消失。

没有人说话，除了翻动书页的声音。认真听一下，你甚至可以听到喝水的声音。有个女孩子从最后一排挪到第一排，过了一会儿又从第一排挪到中间，最后又回到最后一排。

这样的天气，留校学习，为了未知的未来而尽最大努力去奋斗的人，都能算得上小小的英雄吧。

周围没有同一专业的竞争对手，但分布在全国各地的他们就像空气，看不见摸不着却又实实在在地存在着。早晨早起十分钟就能比别人多记几

遍单词，中午不回寝室，又能省下许多浪费在路上的时间。

许多人说这样的一个过程很苦。我想，应该是苦的吧。坐在教室里，一动不动就平白无故的就能出一身汗，衣服粘在椅子上，站起来的时候异常的难受。动脑子思索也累，晚上回去走在路上，脑子昏昏沉沉，腿也因为长久的坐姿像灌了铅，整个人只想马上扑到床上大睡一觉。

人只能活一次，而我不想随波逐流。

身边的女同学早早嫁了人，生了孩子，过上了茶米油盐酱醋茶的日子。每天在微信或者空间上发发广告和孩子的照片，自拍里的她变得越来越臃肿。

我才不想要这样的人生，嫁个窝囊男人遗传个破基因生个小傻孩然后庸俗一生。

减肥以后，有个男孩子对我说过，减什么肥啊，以后三四十岁了不还是一样，又胖回来了。

我没有反驳，也没有争辩，我只是说了一句，我三四十岁的时候肯定不是那样。因为我知道，我不会任由自己变得一无是处，我承认过去的自己很差劲，但我只是想离我心里最好的自己近一点，再近一点。

尽自己的努力，改变自己不满的现状，去得到自己想要的东西甚至生活，即使最后得不到自己想要的，也有拒绝自己不想要的能力。这才是努力活着和生命存在的意义。

蔡康永的书里写道："很遗憾，你受的苦，难以被感激，只可能遭忽视、遭避讳、遭嫌弃，因为无人因你而获益。所以，苦完必须的量，就让这苦，深埋成人生的矿吧。"

累了的时候，就想想自己曾经畅想过的未来，看看窗外的夜景，于是又能对着面前的书本，继续义无反顾、大义凛然地一页一页看下去。总有一天，万家灯火中，有一扇窗是属于自己的。

这个夏天，不管你是和我一样，在准备一场考试，或者是减肥，或者是努力地工作，还是在追求一个看起来遥远的人，都希望你能坚持下去，这都是好的事情，坚持下去一定会有个好的结果。

你不能随波逐流，因为你只能活一次。

人生是你自己的，你也要成为一个理性而成熟的人，该结婚的时候就结婚，不该结婚的时候就好好奋斗。

什么也不要解释，向所有人证明，我现在很好，我自己的人生我自己来负责，别人不需要插手。

不想被逼婚，就要证明
你自己一个人也可以过得很好

"婚姻不需要爱情？"

不结婚就是犯罪。

——写在前面

这是一个上学的面临逼学，单身狗面临逼婚，已婚未育的面临逼生的时代。

放假回家，作为一个全程被动参与了逼婚过程的见证者，唯一的感受就是，人生最大的自由，是能拥有选择自己想要结婚对象的权利；不想被逼婚，就要向所有人证明，你自己一个人也过得很好，这样才有选择什么时候结婚，和谁结婚的主动权。

在我家乡这儿的风俗，只要不是在外求学或者是在外上班，一到刚刚成人的年纪，就被逼着去相亲。

我因为还在上学免受此难。然而当我在为论文发愁的时候，看到昔日年龄相差无几的小伙伴早已诞下一女，居然又有点输在人生起跑线上的感觉。可是一看到二十出头的年纪就要天天追在孩子身后跑，和婆婆斗智斗勇，我瞬间就觉得别人提前开始的人生并不值得羡慕，自己的人生还有一亿种充满令人期待的可能。

我有个比我大五个月的表哥，虽是姑表兄妹，但有什么心事他总是愿意和我讲一讲。

放假回家的时候他去车站接我，我特别欠揍地调侃他，"哟，耽误您相亲了，真是不好意思啊，哈哈。"

他白我一眼："你是不是欠揍啊，能不能别提这事儿，烦死我了，一提就牙疼。"

我嘿嘿地笑："别啊，宁宁哥哥，得提啊，不相亲怎么相爱啊？哈哈！"说完我脑袋上就挨了一巴掌。

刚放假我也是特别闲，闲得没事儿就跟表哥去相了个亲。他进屋和人家姑娘聊了聊，还没坐热就出来了。回家报告情况，他支支吾吾说不出来话，我抢答："人家说我表哥的普通话说得挺好的！"脑袋上又挨一巴掌。

晚上舅舅问表哥："给人家姑娘打电话了吗？没打的话赶快打电话。"

我表哥就不情愿地拨通姑娘的电话："喂，干什么呢？"

舅舅就在旁边坐着闭目养神，时不时地使个眼色在旁边指点着表哥。表哥一脸只想求一死的表情。

就见了姑娘一面，舅舅一天逼问表哥几十次，看不看得上姑娘？看上了就取钱交见面礼把这事儿给定了，看不上再接着相！

表哥一听还要接着相亲，连连摆手，行了行了这个就行了。为了躲避相亲，表哥是发过脾气闹过离家出走往家里领过不靠谱的姑娘，我舅舅就一句话，"有什么招儿你就使出来吧。"

估计年后就要结婚了。我表哥聊天的时候和我说，我不想这么早结婚，我也不知道以后会不会变卦。

按说起来，表哥是个不太让人省心的孩子，从小到大最擅长的事儿是打架，后来舅舅找关系把他弄到部队里待了三年，性情稍微收敛了些。但做起事儿来风风火火，看起来没有能治得了他的人，一遇见什么事儿还全靠他爸撑着，多少还是个让人操心的主儿。

舅舅私底下和我说，让他结婚就是想找个人管着他，组个家庭，早点让他担起自己的责任，让他明白什么是责任。

我有点儿明白了。

我想起来家里的一个表姐，她的年龄在我们这儿已经算得上大龄剩女，但她自己仍然过得潇洒自在，选什么样的对象什么时候结婚，全是自己说了算，父母也很少操心她的事情。

准确地说，这么多年，她自己在外面孤军奋战所获得的小小成绩，一个人活得很好，不让人操心，有能力有担当，足以让她的父母相信她的选择，也相信她的眼光。

如果你不是富家千金，也没有遇上豪门公子，那么人生过早的开始绝不是一件美好的事情。

有时候你被逼婚，也并不能说明你真的有了组建家庭的能力，而是，你真的需要有个负担和另一个人来督促你赶快成熟。

被逼婚不是一件令人开心的事情。我想所有人都曾经想的是和喜欢的人共度余生，而不是和一个只见了几次面聊了几个星期的人就订下一生。

也许有人说爱情可以培养，抑或婚姻根本不需要爱情。但是我还是想争取一下，争取有选择爱人的权利和自主结婚的年龄。所以我努力，我始终倡导经济和精神独立，就是为了不嫁给那些我不喜欢的人。

希望你要明白，人生是你自己的，你也要成为一个理性而成熟的人，该结婚的时候就结婚，不该结婚的时候就好好奋斗。

什么也不要解释，向所有人证明，我现在很好，我自己的人生我自己来负责，别人不需要插手。

有人抱怨出身，有人抱怨家庭和学校，有人抱怨自己不被理解，有人抱怨周围的环境和认识的人。出身无法改变，但你可以选择未来。环境不能适应，那就改变自己。你是什么样的人，就会遇见什么样的人，你经常挂在嘴边的话，就是你现在的人生。

不必抱怨，哪样的人生都不容易

有一个朋友，昨天跟我讲："有时候身边的朋友抱怨这抱怨那，实在不知道怎么回答，觉得她们明明比很多人幸福多了却总是不满足"。

我想了想，我身边的人以及我所认识的大部分人，都存在这种情况，在我看来，她们明明比很多人幸福，却一直不满足，抱怨的事情遍及四面八方。

从地铁回来的路上，天已经黑了，特别冷，我看见一个中年男人，穿的是那种非常单薄的迷彩工装，拼命地拉着一个装满东西的三轮车，身体前倾，头微低着。那条路带一些坡度，我看不清他的脸，只觉得他好像用尽了全身的力气拉三轮车。

我看了心里有点儿难受。想过去帮他推一把，可是我在马路的这边，他在马路的那边，中间的车辆来往不停，鸣笛声和灯光混成一片。

我默默地往回走，突然觉得哪样工作都不容易。

在比赛面试的时候，我在楼上的会议室里等待通知，无意中听到主办方所属的公司工作人员在和几个女孩子说话。下楼的时候，我看见那几个女孩子，化着浓厚的彩妆，看起来很漂亮，很时尚，我想都是有着明星梦的女孩子吧。工作人员对着某个女孩说："你这样太胖了，要减肥，不然一上镜头，人就会变得和猪一样，还有，要继续练习跳舞……"

我回头看了那个女孩一眼，真的是很瘦，两条腿就跟竹竿一样，为了更加上镜，还要减肥。

之前我看过一篇文章，讲的是网红背后的故事。大众只看得到网红四处游玩吃喝玩乐拍照片，偶尔和某个明星谈个恋爱上个头条，却不懂作为网红的不易。身材要棒，颜值要高，要顶得住诋毁，要经得起岁月杀猪刀的声声催。

我有时候会去某些网红的微博里看健身教程和化妆视频，集马甲线人鱼线于一体的某网红居然每天依然坚持锻炼，有次看到她发了一条"跑步机上跑了三个小时才下来"的微博，着实觉得，她所拥有的一切，都值得。

我身边的人整天嚷嚷着减肥的不少，但真正能减下来的寥寥无几。天气不好的时候抱怨天气，抱怨课时多没有时间，抱怨不知道怎么减肥。宁愿在床上躺着刷微博，看到美女的自拍还要一脸嘲讽地说，切，都是整出来的。

哪样人生都不容易。就算整容后看起来美破天际，也先要躺下来冒风险豁出去挨刀子。

我在学校里跑来跑去上课的时候，经常看见一个走路一瘸一拐半边脸歪斜的男生费劲地一步一步地走着，鞋子和地面摩擦发出一种令人难以忍受的声响。他经常去图书馆，我觉得我的人生和他的相比起来，实在是太幸运。

有人抱怨出身，有人抱怨家庭和学校，有人抱怨自己不被理解，有人抱怨周围的环境和认识的人。出身无法改变，但你可以选择未来。环境不能适应，那就改变自己。你是什么样的人，就会遇见什么样的人，你经常挂在嘴边的话，就是你现在的人生。

亦舒在《变形记》中说，要想活得漂亮，需要付出极大忍耐，一不抱怨，二不解释。

我努力地学会做一个不抱怨的人，当遇到问题的时候，去想这件事该如何解决，而不是自怨自艾；我更学会了不要随意人云亦云随意评价他人的人生，因为每个人的人生都不一样，你未曾经历过他人的故事，不能体会到他人的不容易。

其实我们真的比很多人幸福了。我能做的，就是在感受到别人不易时尽力帮一把，多一些理解和体谅。

很久之前，我曾经在滨江道的天桥上看到一个衣着寒酸但非常干净的盲人老爷爷，盘腿直直地坐着，轻轻地拉着一把二胡，面前的帽子里稀稀落落地放着几个硬币。我走过去放进他帽子里一些零钱，他依然轻轻地拉着一首非常忧伤的曲子。没有讲述可怜身世的纸板，没有乞讨的痛哭流涕，生活虽然不易，但他却没有低头。

有什么抱怨的呢，抱怨不过是觉得自己的生活不如意，可是生活本来就是这样啊，就算童话里王子和公主在一起还要经过各种难关，更何况，现实世界比童话残酷多了。

希望你能懂得，抱怨没有任何用处，只会让你变成一个懦弱的蠢蛋。只有行动起来寻找解决问题的方法，才是改变生活改变自己的唯一途径。

不必抱怨，哪样人生都不容易，也请记得，你比很多人幸福，知足也要知火候；在体会到他人的不易的时候，也请你记得分一点你的幸福给他们。

我从不怕孤独，我只担心成为不了最好的自己而辜负自己的野心。我绝对不要成为大街上一抓一大把的人。与孤独为伍，于孤独中雕刻自己，然后收获一个更精致的自己。

能坦然面对
孤独的人，生活也一定不会太糟

坐了一下午，把以前拍的书上的句子抄下来。外面是夹带着雪花的大风，铅色的长云布满天空。抄写得累了，甩甩手腕，抬头看一下窗外昏黄如黎明的空，我想，冬天的余威也仅仅能施展这几天了吧。

安静的时间真好。

自有了童年记忆开始，占据绝大部分时间的就是大人们的吵架声，乒乒乓乓摔东西的声音。我就面无表情地站在门口看他们吵架默默地流着眼泪，最后再哭着把碎了一地的东西扫扫倒出去。

大概从那个时候起，我就开始莫名地害怕各种争吵的声音，甚至是大声喧哗的声音。一听到有人高声说话，我就会感觉心慌，紧张到不知道双手要放在哪。

在学校的时候，同寝室的室友有时候会因为某件小事大声地争论，我会小声说一句，你们不要这么大声地吵了。她们转过身来一致地说，谁说我们吵架了？

我什么也说不出来，只能默默地转过身来继续做自己手头上的事情，那种难堪的感觉很久都消退不了。

所以逐渐喜欢上一个人独处的时间，寂静的，无人打扰的，好像只能听到时间哗哗流过的声音。

记得临近新年的时候，我在微信上玩"摇新年签"的游戏。我摇到的新年签是"孤独"。我从不害怕孤独，我担心的是孤独的时候没有真正充实自己。年签释义说，能坦然面对孤独的人，生活也一定不会太糟。

我笑了笑，当我回头看过去的每一天，我都越发觉得过去的自己是异常的愚蠢和迟钝，幼稚和天真，但是幸运的是，一路走来却遇见了很多很棒的人，虽然有些不能一起走下去，但是依然要谢谢那些人教会我如何去爱。

生活也确实留下了很多值得回忆的闪闪发光的东西，即使境遇再糟糕，其实我也知道自己永远不会是最差的那一个。我有自己春风得意扬鞭奋蹄的时候，也有狼狈不堪痛苦绝望的时候。但是我知道，这两个时候其实都不是真正的我，它们只是我的一部分，这世间的甜和苦都只是一种被放大了的情绪。

只有当真正了解了自己才可以处变不惊。

在孤独中，就是能够看清自己，然后再看清整个世界。

在安静的时光中，我学会的是凡事不妄求于前，不追念于后，从容平淡，自然达观，随心、随情、随理，静心如水，不再像波澜壮阔似的那样乘风破浪、勇往直前地驾驭风帆，而是犹如纹丝不动的潭水一样静谧安详却慢条斯理地拨起涟漪，学会随遇而安、处之泰然的心态。

尼采在《查拉图斯特拉如是说》中有句话，叫作"占有地越少，就越少地被占有"。

自由的生活往往是属于那些不被别人的时间所占有的人。

我身边那些既能在热闹中耍得开又从来不嗷嗷叫着害怕孤独寂寞冷的人，都是聪明独立，有能力也有灵魂的人，他们在学习或者工作中高效理性，生活中直率可敬，几乎没有人靠卖嘴或人情不要脸地活着，也不依赖于任何"情感价值"生存，而是在属于自己的孤独中，认真创造自己的"利用价值"。我喜欢这部分看起来有些高冷的人。

年轻时想喝最烈的酒，爬最高的山，骑最快的马。如果有人一起做伴，恍觉酒会不如茶香，山也不如河缓，日行千里也会因为他的一个打眸而停留。可是如果没有人作陪，我也从不惧怕奔赴，即使尽头没有人等待。

这么多年身处孤独中，逐步发觉，自己的喜怒哀乐是自己的事，自己的命运要自己做主，我的学业，我的工作，我的爱情，我赚多少钱，我的兴趣爱好，我自个儿说了算，我的事业追求我来把控。这样的人生才算是活出了真风采。

我从不怕孤独，我只担心成为不了最好的自己而辜负自己的野心。我绝对不要成为大街上一抓一大把的人。与孤独为伍，于孤独中雕刻自己，然后收获一个更精致的自己。

也许现在的我就如石墨，有那么点儿简单，所经历的尚且不足，只能看到以自己为中心方圆十里的地方，但我想一点一点地把自己打磨成钻石，坚硬又锋利，闪闪发光。

将青春打磨成一颗钻石

"我已经原谅了从前的自己，就像谅解了一个野心勃勃的傻逼，体恤了一个笨手笨脚的勇士，释怀了一个难以启齿的秘密。"

——写在之前

我一直觉得，人生是由很多个阶段组成的，懵懂童年时期，青涩少年时代，淡定成年时期，每个时期有每个时期的困惑和变化。

宋代的蒋捷写过一首诗"少年听雨歌楼上。红烛昏罗帐。壮年听雨客舟中。江阔云低、断雁叫西风。而今听雨僧庐下。鬓已星星也。悲欢离合总无情。一任阶前、点滴到天明。"

每个阶段，因风景产生的心境也不同。

就我而言，现在的我处于一种想要认清自己，想要学会如何与自己置身的世界相处，如何与他人共处，在这些摸索和探寻中获得了多少经验和滋养，这是目前我这个阶段最重要的事。

以前的我被困在高中里，每天只能与单词、公式和格子纸打交道，周围的同学也是一样的单纯和朴实，那个时候的世界简单又美好。每天担心的只是期末成绩，就算考不到六十分，下一次还可以努力提高；有暗恋的人能偷偷瞄一眼就觉得很开心。

高中的时候看书是逮着谁长得好看就看谁的，以至于我被韩寒的一张只露出一只眼睛嘴角带着邪魅笑容的照片迷得神魂颠倒，买了韩寒的《三重门》《像少年啦飞驰》等躲在课桌底下偷偷地看，当时生活在规规矩矩的世界里，突然接触到一个这样桀骜不驯的异类思想，觉得新奇又崇拜。于是我在日记上也学着韩寒的文风开始写一些不着边际的大话，比如"征服世界颠倒众生"这类词没少出现过。我对于我的高一语文老师深感歉意，让她看了那么多催吐的豪言壮语。

毕竟是处于懵懂期的小女生，至于一些言情小说，比如《粉色》《紫色》各种颜色的言情杂志看了一摞又一摞，故事里永远有一个高冷得千年不化的冰山男主角，不喜欢美貌贤惠温柔的富家千金，只爱没有姿色没有身材脾气又不好的平凡妹子，永远以宠溺的眼神看着他的猎物。我现在都想象不出，宠溺的眼神究竟是怎样的一种眼神。

"女主角被丧心病狂得不到男主角爱情的女二号挟持到漆黑的地下车库，这时候男主角及时赶到，倚在一辆车屁股上，'啪'的一声打开打火机，默默地点燃一支烟，然后把打火机向身后一扔，打火机在空中划了一道优美的弧度，男主角噼里啪啦就把所有坏蛋解决，英雄救美，而且毫发未损脸上都不带溅上血的……"高中的我一直沉迷于这样奇幻的画面，是该结束了。

上了大学，发现很多事情完全改变。有时候会有一种很难受的感觉，就是说不出来，如同"难言之隐"的疼痛感，实在是令人毛骨悚然不知所措。

卡尔维诺说："随着时光的流逝，我慢慢地明白了，只有存在的东西才会消失，不管是城市、爱情，还是父母。"可是只要存在过，就有它存在的意义。生命本来是没有意义的，但活下去，就会遇到有趣的事情发生。如你遇见那花，如我遇见你。

大一的时候脆弱，竞选不上班委一个人坐在青年湖旁边哭，想家的时候躲在被子里哭到睡着；因为高数太难自己坐在偌大的自习室里一边做习题一边用手背擦眼泪；大二的时候迷茫，完全找不到方向，尝试了很多，折腾了很多，也付出了金钱和时间的代价；也曾经参加活动因为拍的参赛视频声音听起来太嗲，像个傻子一样看着台下的人指指点点窃窃私语，脸烫的温度能持续燃烧好几年。我以前永远都忘不掉的，现在我早就释怀了。年轻的时候，谁没有傻逼过那么几回，谁没有爱过那么几个人渣。

以前我爱看小说，看苏童看毕飞宇看虹影看严歌苓。就是觉得他们故事讲得真好，能把人讲哭了。现在我再看他们写的故事，我开始能从字里行间隐约读出这些作家隐藏的世界观。我觉得毕飞宇对女性是尊重和敬佩的，他笔下的女性虽然出身凄苦，但结局一般皆大欢喜；苏童则是在故事中对女性的谩骂极其所能，让我不能忍受。暑假在家把《明朝那些事儿》来回翻了好几遍，才发觉，原来历史这么有趣！原来历史上的人物处事方式这么精明！简直要打着滚儿拍手叫好！

于是在图书馆借了好几本有关明代和三国的历史书籍。现在的我，才真切地感受到"读史使人明智"的那句话。

经过了一些小小的努力，有读者给我留言："每天都要看看你的公众号有没有更新才去睡觉。"我受宠若惊却又深感到责任的意义。当我曾经给游学网投实习简历被录取，当我在听课的时候发现上的课感兴趣时，当我认识了很多朋友后，我才发现，以前的折腾并不是没有用，有了那些或者难过或尴尬或愉快的经历，我才能知道自己想要的是什么。

下午老师在课上讲，石墨和钻石的成分都是碳，但石墨廉价又柔软，钻石坚硬又高贵。只是，钻石内部的化学键比碳的更复杂，性质更稳定。那些阅历众多的人，就像钻石，他们内心丰富，外表平静如水，内心坚定如山，心怀山川大海，优雅淡定又从容。

也许现在的我就如石墨，有那么点儿简单，所经历的尚且不足，只能看到以自己为中心方圆十里的地方，但我想一点一点地把自己打磨成钻石，坚硬又锋利，闪闪发光。

我们曾相逢，
又都说再会

—————————●—————————

第四辑

我不害怕一个人走过很多路，

也不介意一个人看遍风景，

我也不害怕和你一起吃苦，

也不介意没有朝朝暮暮的陪伴。

我最害怕的是，

等了那么久，

最后那个人不是你。

多年以后，我希望我还可以打一个小时的电话，还可以寄明信片给你，还可以黑你。就是这么简单。也希望你如同四月的阳光，让我一直感到温暖。

当夏目遇见猫老师

回到几年前同样的夜晚，也许你在打游戏，或者你和你的现任在人来人往的大街上牵手压马路；也许我和那个暗恋很长时间的男生在想方设法地找个聊天的共同话题，或者正伏在桌子上皱着眉头做物理和化学试卷。

那时我们真是谁也不认识谁，甚至都不知道彼此的存在。

[猫老师说：快把友人帐交出来]

几年以后同样的夜晚，我可以傲娇地肆无忌惮地发消息给你说："不理我以后就不跟你玩了……"

你上线后急匆匆地发来一句："为什么啊？"

我记得我们认识的契机，是寒假里被风圈围绕的大月亮或者还有那部日本动漫《夏目友人帐》。

北方的冬天，夜晚来得又早又猛，天幕一沉，整个城市就如同沉寂在天地之间的一方小船，寒风凛冽，残忍地鞭打着地上的一切。我透过窗户偶然瞥了一眼窗外的天空，遥远的夜色幕布上的清冷月亮，周围裹着一圈朦胧柔美的云彩，整个天空都散发着异样的光彩，美得惊心动魄。

我拿出手机，激动地对着屋顶上方的月亮狂拍，但拍完才发现几张照片上无一例外的是漆黑的幕布上一个柔弱的小亮点。我懊恼地对着天上的月亮发呆。

我喜欢留住生活中一切美好的东西，当我留不住的时候，我就想让所有人看见。于是我登上QQ打开空间发状态艾特每一个我认为重要的朋友分享这个消息。我想每个人都能从那短短几行字里读出我激动和急于分享的心情。

随手浏览空间，发现有一个网友转发的状态配图是天上的大月亮，并不是我拍的那种小亮点，是和天上一模一样的大月亮，连周围环绕着的朦胧的风圈也被清清楚楚地拍下来。我赶紧点开那个拍照高手的空间，想要见识是何方神圣，竟然能拍下来如此自然和清晰的图。于是一路浏览他最近几天的状态。那时是寒假，我看到他抱怨过年给长辈早起磕头的痛苦，照片上只有粘着泥土的牛仔裤。再往后翻，是他发状态说学吉他的事情，我判断大概这又是一个会弹吉他会拍照的文艺青年，在评论下看到有认识的熟人，便加了他好友。

想不出更好的搭讪方式，我只能用最烂俗的方式厚着脸皮问他："嗨，请问大神是怎么把天上的大月亮拍下来的？"

然后他很认真的发过来一堆字，给我这样的一个陌生人。

"调成夜拍，关了闪光灯，快门调到最快，有感光度的话调到最高。"他没有加任何标点符号，只有空格。

接下来就是他一路被我黑得惨苦命运的开始。要是他知道以后会被我黑得体无完肤，他大概宁死也不会同意我的好友申请。

当时寒假在看《夏目友人帐》，动漫里温柔的少年夏目贵志在奔跑时打破了妖怪斑即猫老师的结界，因为一本记载妖怪名字有着强大法力的友人帐，夏目和猫老师闯入彼此的生命。动画里的猫老师既腹黑又傲娇，一心保护夏目却死活不承认，找借口说："你要是被其他妖怪吃了我怎么拿到友人帐！"

因为他的头像是一只猫，我戏谑地问他："难道你是猫老师吗？"那时我的网名里正好带了"夏目"二字。

没想到他很快地接了一句："快把友人帐交出来！"顺带一个奸笑的

表情。

难得遇见这么合拍的人，此后，话就多了起来。

说多了话，也逐渐了解了猫老师。标准的理工男，戴黑框眼镜，计算机专业，会弹吉他，辅修日语却只能说一句完整的"请多多指教"，他唯一教会我的是用日语说"早上好"，发音是"哦哈伊呦"，"晚安"发音是"欧亚斯密那赛——"，我记得清清楚楚。

吃个巧克力也要给我发截图，还郑重其事地发来一串字："请你吃"。

聊天的时候说起一款打火机，我很喜欢Zippo。他说他的朋友从美国给他带来一个，还刻有他的名字："要是不嫌弃，开学我找到送给你好啦。"

开学后他很抱歉地跟我说那个打火机找不到了，语气好像是做错了多大的事。明明收礼物的人是我啊，你有什么好抱歉的啊。

不久之后收到来自济南的包裹，一款银色做旧的Zippo。他打电话告诉我，那是他最喜欢的一款Zippo。我问他那你还舍得送给我，他笑着说就是因为送给你才舍得啊。

是，我也很喜欢呢。

喜欢到不舍得用。

[大神你好]

喊他大神，确实是因为惊叹于他的拍照技巧。可是他太谦虚，谦虚得无以复加。

于是我开始了黑他的漫漫长征路。

比如，只要他会点什么或做点什么事情，就往死里夸他，等到他发觉了，说不过我，只能老是重复一句话："你又黑我，你又黑我"。

大神跟我说，学驾驶证对他来说好难，不想学而且还晕车，真不知道怎么办才好。他不喜欢计算机也不喜欢日语，他说毕业以后平平淡淡就好了。我黑他说："哎呀，大神，这个没关系啊，以后你可以去开三轮车啊！"

"三轮车？"我好像能看到屏幕那头他愣住的样子。

"哈哈，就是三蹦子啊，大神，你以后可以开这样的车，不要驾驶证还不会晕车，还可以载客看风景，这样的工作简直不能更赞！"我自行脑补出他未来开着三蹦子满大街溜达的样子几乎要笑死。

他听着我笑得不亦乐乎，只能特别哀怨地说："你够了，你再黑我我挂电话了啊。"

于是我赶紧打住。

寒假的时候自学C语言，对着一堆奇形怪状的符号发愁。

大神知道我在学C语言之后，很痛快地对我说："我是学这个的，有啥问题问我就成。"让我有抱着他大腿一把鼻涕一把泪的冲动。

那天问他一道题，题目里面带着一个乘方"∧"符号，他看了半天扔过来一句话："理解不了"。然后就自顾自地发来一串字。

"∧"。

"∧∧"。

"∧——∧"。

"这个符号还挺好看的。"

我满脸黑线。大神，你的计算机课都是体育老师教的么。

寒假快结束时，他很认真地问我什么时候开学什么时候去车站，我很惶恐地感觉这孩子是不是要去车站送我一程啊，我很感激又很真切地拒绝他："不用送我，真的不用送我的……"

结果他很傲娇地来了一句："我不去，你想第一次见面就是离别啊。"

对，第一次见面。虽然是同一所高中的校友，但高中三年我根本不知道大神的存在，更没想过有一天会成为无话不说的朋友。缘分真是个奇妙的东西，你永远不知道下一秒你会遇见谁，也许之前你们还擦肩而过，是彼此的路人甲，但是遇见之后才发现彼此是多么相似。

[莫名其妙的班主任]

那天大神发了一条状态，是几个人的合影，他最高也最严肃，虎着脸阴沉得不像话。他在评论下面解释说是刚被老师批完，留个影以示纪念。

有好友评论他说严肃的样子好像高中班主任。我恶作剧般地评论："班主任你好，班主任再见。"

他也恶作剧似的回复："明天叫你家长来！"

开学后的生活繁忙，偶尔聊天，我还是一路黑他到底，但是他居然也学会了反黑能力。

他说他要去健身，我不屑地问他："你几块腹肌啊？"

他倒是老实，诚实地回答："一块。"但是又加了一句："身体底子好"。果然有猫老师傲娇的风格。

我开始黑他了："就一块腹肌还说底子好。"

"不，我呸，就一块肥肉还说底子好！"

过了会，他很云淡风轻地发来一句话："算了，我忍了。"

每次看到他忍无可忍最后还是忍气吞声地说"我忍了"的时候我就笑得特别贱特别有成就感。

想起来第一次打电话听见他的声音，和唱歌时完全不一样，听筒里传来的声音有点沧桑又有点憨厚，声音就像高中时候的班主任。我愣了一下，以为是打错了电话，于是赶紧挂了电话。之后很多天里他对这件事耿耿于怀，无数次跟我辩解人唱歌时的声音和说话的声音不一样。

有次我告诉他我晚上做了个噩梦，恐怖至极。他说，以后你的噩梦，都让我替你做了吧。

[世间所有的相遇都是久别重逢]

有些人，才认识了一会，就好像认识了好久，什么都想跟他说。

这辈子的相遇，只不过是再次的重逢。

之前看朋友去济南在3D画展上拍照玩得很愉快，于是也产生了想要去济南的想法。正好大神也在济南，他不止一次问我到底什么时候来济南，而且允诺有"三陪"，陪吃陪玩陪聊。可是我一直犹豫不决。那天我说大概明天去，他就自言自语地说开了："帮你安排个路线，然后再去哪玩，然后再送你回家……"不知道为什么，听了他这样的话，满满的勇气，瞬间决定逃课去济南。

在动车上他把下车后要走的公交路线发给我，虽然是自己一个人坐动车走很远的路，但是一点都不害怕。因为我知道有朋友等着我啊。

说好要请我吃饭而且是必须吃肉。我第一眼看到他笑着站在饭店的门口，我几乎是跑着要扑过去。吃饭的时候我把吃的骨头偷偷地都堆在他前面，他却一点都不知道。等到玩耍回来的时候我告诉他："我把骨头都堆到你那边啦！"

"我说我怎么吃了那么多……"他恍然大悟的样子。

吃饭的时候，他"唰"地拿出三张3D展览的门票："吃完饭我们就去玩啊"，他若无其事地说。

我默默地吃饭，心里的世界瞬间开满了花。

在乘公交的时候，他坐在我后面的位置上，我透过玻璃窗，看着我平生第一次来的城市。春风拂动的柳絮像忽然下起的一场不会融化的大雪，一团一团的柳絮捎带着些许风情暧昧地往人身上沾。高高的楼还有未建成的大厦，骑自行车的行人，互相依偎牵手的情侣，还有一队戴着黄色小帽子的春游的小学生，各种颜色的轿车飞快地跑过来又跑过去。

"看，公交车上有两根线！"窗外的公交车上有两根长长的线被空中的电线牵着，我第一次看到这种奇怪的行车方式。

"那样公交车就不用司机了啊。"大神的声音幽幽地从耳后传来。

也许是孤单了太久，一个人太久，当有一天真正可以接触到这种被陪伴的温暖，小心翼翼不敢陷得太深。我害怕对这种温暖产生依赖，以后就再也没办法打败孤独。不是在最好的时光遇见你们，而是有你们在，我才有了最好的时光。那天下午，有人陪着我一起逛街看走过的人，在看展览时记得帮我拿书包给我拍照，唯一一次拍的照片上全是我。

大神拿着他自己的手机给我拍照，不像之前和朋友出去，要拍照的时候总是不好意思地把自己的手机递过去说："麻烦帮我拍张照片吧。"

这次，我只要说："大神，我要在那儿拍，还有那个也很好玩，我还要在那个地方拍。"

"你往左一点，对，再把手抬高一点啊"，他自己还自言自语地说：

"是你的脸太小还是那个洞太大……"

"大神，你去那个只穿一条红内裤的那个模型那儿去，我帮你拍！快点！"

在玩游戏的时候，他模仿着屏幕上的人物做动作，简直就像跳街舞一样，面对如此帅的少年，我忍不住偷偷把他玩游戏的样子录了下来。

多美好啊。若多年以后我再看时，我会想起来，有一个美好温暖的如同四月的少年陪着孤单很久的我玩耍。有漫天的柳絮有温暖的阳光有和煦的微风。

离开的时候还可以抽奖，而且每个人还可以拿一个假牙。我拿了一个吸血鬼的假牙戴上，他拿了一个兔子牙戴上，然后拍了一张唯一的和他的合影。回来之后我看这张合影时，照片中的我戴着吸血鬼的大假牙傻傻地笑着，他戴着兔子假牙很拘谨地微笑着。

走到一处，遇到石头古迹或者房屋，他说的一句话总是："那是乾隆时期的啊"。

在湖边上有巨大的黑色已经生锈的铁锚，铁锚旁边有游人落下的爆米花。他蹲下去指着爆米花说："看，那是乾隆吃剩的爆米花哦。"

大明湖真美，一眼望过去，水波粼粼，有只游艇在波光潋滟的湖面上优哉游哉地飘着。湖中央有一座郁郁葱葱的小岛。我们沿着湖岸走了很久，我背对着他拍照时，后来才知道，我的背影在他拍的画面里。

不管是他絮絮叨叨像大妈一样给我讲他学校的故事，还是在我坐在岸边时他抓住我的衣服恶作剧似的假装把我扔湖里去，还有和我一起耐心地听老爷爷拉胡琴，晚上上课快要迟到了还安慰我没事。

这么一点一点的小事，堆积起来都是亮闪闪的美好回忆。也许很多年后这些记忆会模糊，但在即将遗忘的时候说不定会突然回忆起那天的美好。

[四月温暖的陪伴]

我知道被人陪伴这样的温暖太短暂，我只知道也许以后我再也遇不见像你这么好的朋友。因为我离开后就不知道什么时候会和他再见面。而手机和网络从来都不是联络感情的工具。我深深地害怕距离带来的疏远，我也经历过好友的到来与渐渐地离开，最后都消失在时光的洪荒里。

晚上带我去吃水饺，去KTV唱歌。最开心的事情就是我一首一首地点，他一首一首地唱。最让人难过的是他唱歌怎么会这么好听呢，好听到让我难过，因为以后都不会再听到了吧。

"睡着的大提琴，安静的旧旧的，"

"我想你已表现得非常明白，"

"我懂我也知道你没有舍不得，"

"你说你也会难过我不相信，"

"牵着你陪着我也只是曾经……"

他很认真地唱着，我听了却莫名其妙地想哭。

吵闹的过道，昏暗的包厢，浮动着歌词的大屏幕，拿着话筒唱歌声音好听的少年，一瞬间有一种恍如隔世的错觉。

晚上送我回宾馆，一直在问我："你晚上自己睡会害怕吗？要是害怕我们就去通宵啊。"我有点不好意思，这么被人关心。晚上我自己住宾馆，他说了好几次："你要是害怕就跟我打电话啊，随时聊天。跟然然打也行。"然然是和我们一块玩耍的女同学。我实在想不出别的话，只好一直拼命点头。

晚上在网上看到一篇文章《邂逅温暖的陌生人》。他对我来说早就不是之前的陌生人，而是可以值得信任的朋友。看到那句"你越是周到，我越是难过"，不禁真的难过起来。

你唱歌是那么好听。难过的是以后都没人唱给你了吧，难过的是以后没人对你这么好了吧，难过的是以后没人会为了陪你玩翘课了吧，难过的是世界上只有这一个人了吧，难过的是以后再也不会遇见这么好的人了吧，难过的是这样的温暖你不舍得忘了吧。

有时我又在想，如果有一天你不再对我这么好了："没事，只不过是恢复原状罢了，我本来就一无所有。"

第二天去爬山，四月的阳光和耀眼的你都太过奢侈，而在那天我却同时拥有。

从千佛山回来的公交车上，他要提前下车从另一个路口回校。我和另一个朋友还要晚一点才下车。公交车停，他站起来看了看我，说："再见了，我要下车了"。我记得他那天穿的是棕色的卫衣，烟灰色的运动长裤。他下车，我透过正缓慢起步的公交车的玻璃看到他的脸，脸色像阴沉的天。又或许是我看错了，他脸上有种我说不出来的表情。

我转回头，泪水就不可遏制地掉下来。

前一刻我还开怀大笑，和身边的朋友说着话。目送着他下车出门后，我的目光固定在他离去的方向，笑容瞬间僵在脸上，我无法隐藏。我想，如果有一天再次看见他的身影，我可以不再悄悄抹去眼角的泪水，这个人从此就真的和我不相干了。

此后，联系就只是电话短信和微博互动，在操场上，夜色如水，周围有人在跑步，有随着音乐的节奏在跳健美操的女生，一幢女生宿舍楼下有一群热血少年在向心爱的姑娘大声地告白"我爱你"。头顶上的天空中有一架飞机闪着灯轰鸣着飞过，远处高大的杨树被风吹出哗哗的响声。他正好打电话给我，很开心地说话，不知不觉，几乎一个小时。

昨天他打电话来，我告诉他，我有寄明信片给你呀。他很开心，电话这头的我能感受得到，"真的很感谢你……谢谢你啊……有你这个朋友真好啊"，他说话甚至有点语无伦次。

"第一次有人给我寄明信片给我呢，而且，我知道你会把最好的给我的。"他很傲娇地说。

"对啊，我挑的最好看的寄给你啊。"

"我才不在乎图画有多好看，我很期待你在背面写了什么啊，很期待很期待……"

其实，我也很期待你看到我写的那些字时候的表情。

那好，现在我告诉你我写了什么，其实我真的写了好多字啊，整整一下午，我都伏在桌子上不停地写不停地写。

我说，大神你是一个好人。

我说，遇见你真好。

我说，有时候你会觉得累，没关系，有我陪着你呢，陪你到出头的那一天。

多年以后，我希望我还可以打一个小时的电话，还可以寄明信片给你，还可以黑你。就是这么简单。也希望你如同四月的阳光，让我一直感到温暖。

不说再见，少年。

［后记］

我不得不承认，这像一封内容隐晦而从未寄出的情书。我曾经确实是喜欢过这个少年，小心翼翼，想让他知道却又担心出了破绽。一直默默地暗恋着，只能在愚人节那天开玩笑似的发给他一句"我喜欢你呀"，把他的微博从头看到尾，看他给每个人的回复，看每个人给他的留言。后来终于发现，我并不是那个对于他来说是个特别存在的人。有一个特别的女生一息一颦都能牵动他的心。在面对现实后的一个星期里，我失落了很久，之后释怀，写了这篇看似有些矫情的文章。现在看来权当是一种纪念吧。年少总是太容易动心，情不知所起，一往而情深。

也许他有所察觉，渐渐对我冷漠。直到现在也没有聊过天打过电话了，唯一的联系大概只剩下在朋友圈里为对方发的状态默默点赞了。这篇文章没有让他看过，也不希望让他看到，这段青春，从头到尾都是我一个人在硬撑，对于我来说，只记住所受到的温暖对待就好了。

多年之后，我再也没有和他打一个小时的电话，再也没有了寄明信片的热情，再也没有那样肆无忌惮地说笑。长大了成熟了也不爱笑了。

每个人年少的时候都会有这样一个人吧，后来最好的结局大概就是不再联系。

还有，如果有一天真的遇见了，那么还想问一句，做不成恋人，那能不能忘掉从前，重新认识，我再也不会喜欢你。

当现实与理想碰撞，当发现现实中的自己与理想中的自己相差甚远的时候，抱怨不能解决问题，躺着玩手机不能让你变得更美，皱着眉头的你真的不好看。

好的感情，是势均力敌

很多人都看过热播剧《亲爱的翻译官》，像我这样极少看国产剧的人冲着文艺男神黄轩的颜也跟着室友追了几集。

之后在朋友圈上看到一些关于《翻译官》的评析，电视剧毕竟是电视剧，虽然第一次是以翻译专业为背景，但也免不了是霸道总裁男主撩小白兔女主的剧情路线。

但不同于以往的傻白甜女主，这次的女主人设是个肤白貌美学霸光环照耀周边三公里的翻译专业高才生。

因为学习成绩优秀，才能有机会出国交流。当然不排除是导演为了安排男女主见面的套路，但它的确说明，传统傻白甜的那一招不好使了。

虽然很善良却什么也做不好，长得普通身材不好却以心灵美自居，蠢到深处自然萌，不分青红皂白地大吼大叫自以为是替天行道，然后成功引起了阅人无数霸道总裁的注意。

Out。

这个时代虽然看脸，但长得好看是幸运，实力才能行之永远。

剧中的女主为了能在高翻院转正，拼命学习法语，练习同声传译。即使她与男主有私人恩怨，在录取的时候被刷掉，但她的最高成绩，也使她有资格在最后为自己努力争取一把。如果不优秀，怎么会有底气。

要变得优秀，才能遇见同样优秀的人。你想要好身材，却嫌运动太累舍不得放下手机；你说你想把英语学好，却还是听着一首又一首韩文歌；你说你想要好皮肤，却还是日复一日地熬着夜看着综艺视频，你说你不会穿衣打扮，却不花心思分析一下自己的身材特点和看些时装杂志。

说些这样的话又带了些鸡汤的意思，现在啊，不管说什么都能让人贴上鸡汤的标签。但是，如果不努力，你就只能是一个一边看着鸡汤故事一边又对鸡汤不屑一顾的人。你永远看着别人的故事，你的生活不过是一天天的重复。

除此之外，我也很欣赏剧中女主的服饰。你可能会说，当然好看了，全是大牌。

也许现在的我们买不起名牌，但不妨碍我们学习如何穿搭。

我曾经在学校里看见过一个姑娘穿着黑色丝袜配一双白色帆布鞋，这种城乡结合部发廊里洗头小妹都不会这样穿的装束，居然出现在一个受过高等教育的人身上，我的天，简直可怕。一些对五彩缤纷的颜色有着谜之喜欢的姑娘，还有这种丑到爆的内增高运动鞋谜之存在我也不能够理解。

剧中的女主所穿的衣服，颜色最多也没有超过三种。蓝色和白色的连衣裙清新大方，橘色上衣和黑色长裙的搭配也令人惊艳，白衬衫和短裙，稳重中又有点儿小性感。

衣服的得体和外在的大方，是对自己的爱，也是对他人的尊重。

剧情的结果能想得到，优秀的人相遇是棋逢对手，十里春风。家世显赫的霸道总裁爱上一无是处却心地善良的傻白甜这样的故事，只会发生在言情小说里，而我们早已经过了看言情小说的年纪。

当现实与理想碰撞，当发现现实中的自己与理想中的自己相差甚远的时候，抱怨不能解决问题，躺着玩手机不能让你变得更美，皱着眉头的你真的不好看。

《小王子》中说："星星发亮是为了让每一个人有一天都能找到属于自己的星星。"如果你不努力发亮，那么，找到你的也许是一粒煤灰。

剧中有个情节被大多数人认为是个bug，其实不然。学校里有一个高端讲座，在自由提问环节，一个男生举手回答，话筒被传到女主乔菲处，女主并没有接着传给那个提问的男生，自己抓住话筒站起来用流利的法文提了问题获得赏识。我一直对这个桥段印象深刻，机会都是靠自己争取的。

我也在努力变成那样的人，喜欢的东西，靠自己的努力去争取得到；我也清楚地知道自己喜欢的类型，如果遇到喜欢的人，我也一定会求人介绍想办法去认识他。

我现在依然卑微，我依然普通，我依然一无所有，依然颜控至死。但是我从不会放弃成为一个更好的人。

看脸到这样，大概也能出来一种大气，诚实地承认颜控，诚恳地表达对于外在的兴趣，就是一个颜控的尊严。

你应该美好的，你应该拥有更多。

一直有人说我标准太高，活该没男朋友。可是我知道，高标准是对自己负责，我只有一次一生，亦不能把这一生慷慨地赠予我所不喜欢以及三观不同聊不来的人。

我就是喜欢好看阳光有趣又善良的男孩子啊，cause I deserve。如果遇不着，那也没有什么遗憾的，在变好的过程中，我已经有了强大的内心，我自己足够有趣，无须他人陪伴。

好的爱情，是旗鼓相当，是棋逢对手。是金风玉露一相逢，便胜却人间无数。佳偶是上天注定，我们这对怨侣，不需要浪费天意。

你敢有多帅，我就敢有多美，你有多混蛋，我就敢续多少板砖，你有多厉害我就敢有多耀眼。你在外面累了就回家，我做面给你吃。

再热烈的感情最后也终会归于平淡，如果一段关系真的到了无以为继的情况，请你像个男人一样，坦荡磊落地站出来，对曾经爱过的人说一句，对不起，只能陪你到这里了。然后干净利落地开始另一段感情，就此一别两宽，各生欢喜。

请像个男人一样，礼貌地对她告别

T姑娘谈了一段虎头蛇尾的恋爱。

就称他为完美先生吧，在T姑娘眼里，完美先生哪哪都闪闪发光。刚开始的时候，完美先生像养闺女似的照顾T姑娘，像捧着宝贝一样，生怕一不留神，T姑娘就跟别人跑了。

后来感情的热度降下来，俩人吵吵架也无可厚非，过几天又重新和好，旁人也见惯了他们这样的情侣模式，也倒懒得掺和。

前几天T姑娘向我抱怨，刚买的新围巾戴了一下午就被人偷走了。我安慰她说，是你挑的围巾太好看了吧哈哈。她没搭理我，继续说，只是明天要和他约会，我很想用围巾遮住我的大脸啊，这下泡汤了。

我心里想，这姑娘还真是可爱。其实，哪个女孩子又不是这样呢？

去见喜欢的人，一定要不露痕迹地完美出现啊，所以那些直男们，哪里能理解她为了穿哪件衣服对着衣橱纠结了多久，为了画出完美的眼线反复描绘了多少次，为了好看的照片不知道拍了多少次，连呼吸都要提前演习。

只想让你看见最好的她。

T姑娘在见面之前的这些准备，我想完美先生永远不会知道吧。他不会懂一个女孩子这么细致认真装扮自己的心思里，藏了多少喜欢和珍惜。

昨天T姑娘十点多了突然给我发消息，问我，我化好了妆，换好了衣服在等他，可是总等总等，他也没打电话，我不知道怎么办，如果他不来，我真的不知道要去哪里。

我说你在哪呢。她说，说好的今天晚上一块吃饭，他现在还没来，电话、短信、微信都不回，我还要不要等下去啊。

T姑娘自言自语道，最近很少打电话，微信也很少聊天了，可能他太忙了吧，昨天晚上说好的饭……

我心里也有点慌了，其实是一种挺难过的心情，多明显的情况啊，一个人再忙不会忙24个小时，一直不回复你，要么是出车祸死半路上了或者加班累死了，要么就是——你已经没那么重要了。

我说，你快回家吧，大半夜的，一个女孩子在外面太危险。T姑娘倔得跟头驴一样，我不回去，我就等他。因为是他啊，他只要来，我什么都可以原谅。

我内心里只有大写的两个字"心疼"。

作为旁观者，我比她更清楚现在的情况。但是按照我以前也作过死的经验，劝也没用。不作到底，心里一直不甘心不情不愿念念不忘，作到底作够了，自己就知道怎么办了。不经历痛苦和煎熬，是学不会平静面对现实的。

我曾经看不起那些不敢当面说分手的男人，因为他们太懦弱不敢承担责任；现在我更看不起的是，使用冷暴力以及各种冷漠态度迫使对方不断伤心绝望继而主动提出分手，自己没有说分手幻想着还可以随时复合的人，这不是懦弱，这叫渣。

再热烈的感情最后也终会归于平淡，如果一段关系真的到了无以为继的情况，请你像个男人一样，坦荡磊落地站出来，对曾经爱过的人说一句，对不起，只能陪你到这里了。然后干净利落地开始另一段感情，就此一别两宽，各生欢喜。

记得情感博主休闲璐曾经说过一段话："如果你厌倦了这段关系，你当面告诉我我能接受，虽然你要走出我的世界我会很难过，也会检讨自己哪里做得不够好。但是我宁愿你选择有话直说，不要一边说着：'乱想什么呢'一边欺骗我疏远我，将我的真心当成渣滓来践踏。你不知道我有天从别人口中听到每天和我说话的你背叛我的时候，那一瞬间，我会对全世界都失望。就让我们冷静地说再见，给彼此一个终结，至此，各走各路。"

　　这才是成年人最得体的告别方式。

　　请像个男人一样，礼貌地对她告别。

我不害怕一个人走过很多路，也不介意一个人看遍风景，我也不害怕和你一起吃苦，也不介意没有朝朝暮暮的陪伴。我最害怕的是，等了那么久，最后那个人不是你。

我不相信爱情，只相信你

接近年末，各种论文、考试接踵而来，Y小姐忙得头大，等半夜写论文写到一半脑子卡壳的时候，才想起来和男朋友已经好几天不联系了。

异地恋。

Y小姐在一刮风就灌的满嘴沙的北方上学，男朋友在山明水秀的南方刚参加工作。

Y小姐拿过来手机，一看到昨天晚上发给他的消息还没回，本来昏昏欲睡的Y小姐马上就清醒了。

凌晨零点零二分，Y小姐发过去一行字。

"干吗又不理我了……"

无人回复。Y小姐躺在床上捧着手机，原本的上下眼皮打架变成辗转难眠。

凌晨零点五分。

"我没安全感没安全感没安全感啊……"后面还带了一串大哭的表情。

Y小姐继续捧着手机，紧盯着手机屏幕，屏幕黑了再按亮，生怕一不小心就错过了他回的消息。

有人说，安全感这东西要自己给。话是没错儿，一个人的时候，做什么都可以，该出手时就出手，风风火火闯九州；可是变成两个人的时候，你就开始有了牵挂和担心的理由。被爱是福分，但也是一种心甘情愿地被束缚。

异地恋，最怕的就是不知道对方做什么，去了哪儿，还联系不上，找不到对方的心情像是随时能被引爆然后燃烧成天边的一抹火烧云。电话只听得到声音，短信看不到表情，心情只能靠猜测。Ta生病的时候只能说一句："多喝热水好好休息"，Ta累的时候很抱歉不能送一个带着温度的拥抱。

凌晨零点十四分。Y小姐在床上像是烙煎饼，翻来覆去地睡不着，越想越难过。

"我随时都怕，你不要我了。"

Y小姐最终还是问了这句话，有眼泪从Y小姐的眼角滑到枕头上，在泪水和胡思乱想中，Y小姐抱着手机沉沉睡去。

Y小姐早晨醒来就看到手机上他发过来大段大段的消息。没忍住，又哭了。

凌晨两点十五分。

"看书看得太困，不知道什么时候睡着了，醒来关灯脱衣服盖被子的时候才看见你的消息……"

"昨天下午和同事一起驻点，有一个河北同事，工作十几年了，到律金所整两个月，昨天发给他们上个月的工资扣完五险一金才2500多块。他已经结婚了，压力特别大，中午的时候因为工资的问题和公司闹得特别不愉快。下午一起驻点的时候，哥们儿只坐公交，说话说得嘴都干了也不买水喝。晚上饭也没吃，推说自己不饿。我们同事还有的工资拿到手里不到1500块，这样都不知道怎么生活。我现在连工资还没拿到过，只能先借你的钱救急。一分钱难倒英雄啊。"

"今天下午坐了快两小时公交，公交车上有一个年轻女子带着孩子，孩子一直哭，哭得嗓子都哑了，特别可怜。每次看到这样的或者那样的生活现实，我都在想你，想我们的未来，我绝对不能容忍你不幸福，我绝对不能让你带着我们的孩子在公交车上坐两小时哭得撕心裂肺。"

"是啊，最近和你联系少了，让你感到冷落了，是我不对。我知道你一直都在，都在支持着我，我心里便踏实，毫无顾忌地往前奔。"

看完他发来的消息，Y小姐的眼泪就止不住了，连日来的忙碌和委屈都算不得什么了，心里踏实，深呼口气，全身又充满了能量，又可以对一堆事儿全力以赴了。

因为我知道，你一直都在。因为我知道，你在努力，我也要变得更好，我不想成为你的包袱，我要和你一起走，一直走到最后。我要你知道，你不是一个人，你还有我呢。

我们之间的距离有千山万水，但是我相信你啊。

我从不相信爱情这回事儿，一见钟情不过是见色起意，日久生情也不过是空虚难挡。早就过了耳听爱情的年纪，对甜言蜜语也已经产生了免疫力。看惯了分分合合，我也不再相信爱情，我只相信有着相同价值观、有很多话可以对彼此讲的两个人为了未来共同努力和争取。

我不害怕一个人走过很多路，也不介意一个人看遍风景，我也不害怕和你一起吃苦，也不介意没有朝朝暮暮的陪伴。我最害怕的是，等了那么久，最后那个人不是你。

我不相信爱情，我只相信你。

请记得，我在北方的寒夜里，一直都在，等你带我去南方的艳阳里。

如果你我都明了，有些人、有些事不上心，就可以不伤心。如果，放下心中渴望，不去想念，不去奢望，你我亦可以笑开怀，活自在。可是没有如果。

再见，二丁目

小学的时候，我的成绩好得让所有人都以为我以后会去首都上大学，而我也在选择清华还是北大的焦虑中度过了少年时代。阴差阳错，我来到一个从不在计划之中的城市，于是，我异常悲愤地把QQ昵称改成了"一个人的北京"。

改昵称之后不久，有一个姑娘加我好友。人生难得几妹子，于是我同意了她的好友申请后断断续续聊了几次。

她跟我说，看到我的QQ昵称和北京有关就加上了。于是，在逐渐深入的谈话中，我看到了一个越来越坚强的姑娘和一个应该被逐渐淡忘的故事。

姑娘是安徽人，在银行工作。我看过她照片，长发，漂亮，很温柔的样子。她跟我说男朋友在北京，打算见过双方父母之后就商量一下结婚的事情。可是到底落脚哪儿，两人都还没定。姑娘舍不下安徽的工作，家人也极力阻拦她去北京，于是她特别想让她男朋友来安徽。

我跟她说，你们好好谈谈嘛，你舍不下安徽拥有的，他肯定也会舍不下北京啊。

后来过了几天，姑娘情绪不是很好。她找我聊天，瞬间被她的话刷屏。姑娘说男朋友好几天都没有联系她了，给他发消息他也不回，电话也不接，不知道怎么回事。而且她在银行每天忙得要死，不然会马上赶到北京看看他是死是活。

我当时并不懂得，这样的冷暴力会使一个人有多冲动，有多煎熬。

我用尽全力安慰她，我说他有可能太忙，没有看到罢了。可是我这样一个陌生人的安慰对于一个姑娘打心底里的慌张无措和焦虑根本是杯水车薪。

然后，屏幕上就只剩下我安慰她的话，孤单地存在着。

她一直没回。

有一天，我早晨起来睡眼惺忪地看手机，发现她发给我一条消息。

"我辞职了。"我立刻睡意全无，急忙问她发生了什么事。原来是姑娘瞒着家人辞了银行的工作，给男朋友打电话一直打不通的时候，却在朋友圈里看到了男朋友搂着另一个姑娘在天安门前的合照。

男朋友突如其来的劈腿和背叛几乎让她崩溃。

她跟我说："我要去北京了。"

我说："你去北京是为了他还是？"

她说："都有，以前什么都不敢，如果我早一点勇敢地辞职，可能就不会是现在这个样子了。现在，我去了北京，毕竟还和他一个城市啊。"

于是姑娘独身一人去了北京。

后来很少联系，只不过有时候会在和周杰伦有关的消息下艾特我一下或者在我发了几张照片后评论说："你瘦了。"

过年的时候突然跟我发消息诉苦："我要去相亲啦！"

"在北京怎么样啊？后悔当初的决定吗？"我慎重又迅速地打出两行字。

"本来过年都不想回家的。"

"不后悔。"

"去北京后我开心很多。"

她一字一句地回复，我也为她现在的状态感到很宽慰。

"嗯，那就很值得啊，那工作怎么样？"

"我曾经爱的那个人估计也快订婚了。工作也还可以。"

突然就从她回复的字里行间感到汹涌的落寞。

"嗨，你还爱着他吗？"我装作漫不经心。

"一直在心里的深处，都在北京，却一直没有任何联系。"看到她发过来的话，我突然感到好难过。原来最好的结局就是再也不联系。我拒绝向前走，一直在原地等你，不过是不服输不甘心，一直以为，你也在这里。

"路还很长，一切随缘，祝内心越来越强大。"我说。

"说都这样，可是遇到这样的事也只能说一切随缘了。到底有多强大才能幸福。我一直感觉我挺强大的，那天回来我半夜三点的车，一个人拖着行李去了西站，上车后对面是一对情侣，男的对女的嘘寒问暖，那一刻，我觉得我一点都不强大，突然好心酸。"

"那个人曾经出现过，所以其他的再也不想将就。我要去相亲啦，今天还要回北京！"

"祝你好运！"我只能送上这么一句充满了希望的话。

暧昧让人兴奋，苦恋让人沉醉。各有各的迷人之处，addicted like drug。而对象反倒不那么重要，毕竟迷恋的是记忆中的人，却非现实里血肉丰满的他。当然，苦恋的对象也总是自己更倾心的。总是盼着他好，即使明知他并非我所有，但竟然会奢望对方理解自己的想法，太天真。其实自己也不懂自己在想些什么。

想起杨千嬅的一首歌，名字叫作《再见二丁目》。

满街脚步突然静了/满天柏树突然没有动摇/这一刹我只需要一罐热茶吧/那味道似是什么都不紧要

这首词创作于日本的二丁目，词人林夕在二丁目等候相约的好友黄耀明，等候三小时，由希望到失望，于是林夕提笔写下这首词。

可是，姑娘你在北京已经等了这么久，是不是也该喝掉一罐苦涩的热茶，然后忘了他。

原来过得很快乐/只我一人未发觉/如能忘掉渴望/岁月长衣裳薄/无论于什么角落/不假设你或会在旁/我也可以畅游异国放心吃喝

如果你我都明了，有些人、有些事不上心，就可以不伤心。如果，放下心中渴望，不去想念，不去奢望，你我亦可以笑开怀，活自在。可是没有如果。

"我也可畅游异国再找寄托"，只愿人生中有那么一个寄托，也寄托于我。人生何其短，且如此纷纷乱乱庸人自扰，找下家复下家太耗不起。或许有一天，我会忘了当初如何纠结再决定偷偷地喜欢上你，只是岁月流逝，你也成为它的一部分，关于你的记忆和味道再也无法从生活中割裂。又或许，不久或很久后，当我在学着或已经淡忘你，出现了一副真正可以倚靠的肩膀，我如新生般开始另一次的不甘麻木和追逐。

再见，二丁目，再见，我已经离开有你的季节。

不是所有的相遇，都是久别重逢的美好。不是所有的新人，都一见如故。有的人踏入你的生命，然后很快地离开，只是为了告诉你，你是大人了，你要习惯任何人突然闯进你的生命，然后又匆匆离开；你要习惯任何人的忽冷忽热，也要习惯每个人的渐行渐远。

不是所有的相遇，都是久别重逢

按照惯例，每个故事的开头，总应该有点气势恢宏的场面。不是大侠行色匆匆之间打翻了小贩的摊子，就是反派人物重伤，捂着伤口逃跑之前恶狠狠地留下一句："我一定会回来的，走着瞧"，再不济，也是个倾城倾国的大美人，倚栏眺望，拍遍栏杆，等着良人归来。

这才叫有看头嘛。而不是像C姑娘这样，在一个阴沉沉的天气里，顶着三天没洗的油腻腻的头发，带着七分戾气，三分杀气，冲向补卡的地方去办丢失的饭卡。C姑娘一边排队一边嘀咕，人与人之间的信任都去哪了，捡到卡的人就不能发扬一下社会主义核心精神拾金不昧吗，大学里学的思想道德教育都是学狗身上去了吧。

她踮起脚看了看前面排队的人，时间一分一秒地走，排队的人却没有动静。C姑娘有点急了，就从队伍里走出来，直接走到柜台那里，在柜台上一堆丢失的卡里找她的卡。在一堆卡里，划拉了半天，也没找到。

这次是真没希望了。C姑娘慢慢走回队伍里去，好不容易等到她补卡了，玻璃屏风后面的工作人员说："三十块钱，补卡费"。C姑娘掏遍全身的口袋，也只找出来二十块钱。然而一分钱难得倒英雄但是难不倒女子汉。

C姑娘扯了扯旁边靠在柜台边男生的衣服，同学，借十块钱，我用支付宝转给你。那男孩子倒是爽快，二话没说，就从钱包里拿出钱来，不知道是不是被C姑娘这样淡定从容的搭讪借钱震住了，不仅拿钱的时候一哆嗦多拿出好几张十块的人民币出来，连输入支付宝账户的时候也不小心打错字又删了重输。

被借钱的男孩子长得很高，等到他俯下身来输入支付宝账户的时候，C姑娘才瞥了一眼，哎哟，小伙长得挺清秀啊。中午吃饭的时候C姑娘还念念不忘地发了个朋友圈调侃一下，今天借我钱的男生长得不错，同学别走，我要和你做朋友哇。

一个热心的朋友在评论下面安排好了一切。她郑重其事地教导C姑娘，第一步先加支付宝好友；第二步表达谢意；第三步以请吃饭的理由要微信号。C姑娘边吃饭边想，我这是见色起意啊，我这样做对不起我家鹿晗啊。

晚上临睡前C姑娘习惯性地看了一眼手机，一条支付宝的提示消息"××申请加您为好友"。C姑娘一看，就是白天那小伙子啊。想必那句"念念不忘，必有回响"确实不是空穴来风。

C姑娘表达了一下谢意，随便聊了会天，最后发现，两个人的家乡相距只有一小时的路程，都喜欢周杰伦九年了。

大概人与人之间的羁绊就是这样产生的吧。也许故事正常发展下去，会有个不一样的结局。等到第二天，画风就变了。小伙子说，做我女朋友吧，你看我们家离得那么近，还都喜欢周杰伦那么久了，你又偏偏借了我的钱，这是缘分啊。

C姑娘彻底懵了。这是哪跟哪啊，怎么故事节奏发展这么快呢。这要算缘分，我和图书馆的楼管大爷还互相对望了三年呢。互相不了解的两个人，怎么能说在一块就在一块呢，当是做凉拌菜呢，切好就能混一块了？

C姑娘义正词严地拒绝了他。小伙子执着得很，信誓旦旦地保证，我不会疏远你，我不提分手，所有吵架最后我认错，可以立字据，我肯定会好好对你的，相信我。

所有人在承诺的时候，都是真的觉得自己不会背叛承诺，而在反悔的时候，也是真的觉得自己不能做到。其实，誓言这种东西，无法衡量坚贞，也不能判断对错，它只能证明在说出口的那一刻，曾经真诚过。多真诚的小伙子，说得C姑娘快要动心了都。

C姑娘想了想，就算他很高也很清秀，但不是自己喜欢的人；就算都喜欢周杰伦喜欢了九年，但是还有很多东西是不一样的，也是没有办法融合或者改变的，比如价值观，人生观。恋爱这种东西啊，要本着对自己负责的原则，绝对不能凑合。

自打C姑娘雷打不动以后，小伙子的那把冬天里的火也逐渐熄灭变凉。有句话叫作"买卖不成仁义在"，但是放在感情里，表白后要是做不成恋人，哪里还有仁义可言，连朋友都没得做。

王家卫在《一代宗师》里说："世间所有的相遇，都是久别重逢"。C姑娘觉得这句话不对，因为不是所有的相遇，都是久别重逢。话不投机，价值观不合，怎么能算得上重逢的故人。似是故人来，才称得上久别重逢啊。说到底，C姑娘念念不忘的，只是男生低头输入账号模糊的那一刻吧。

三毛说："如果我不喜欢，百万富翁我也不嫁，如果我喜欢，千万富翁也嫁"。C姑娘想，如果她不喜欢聊不来，就算是金城武住到了她家旁边，她也不愿意将就；如果她喜欢，就算是鹿晗远在千里之外，她也愿意将就为了他的人气答应隐婚。

不是所有的相遇，都是久别重逢的美好。不是所有的新人，都一见如故。有的人踏入你的生命，然后很快地离开，只是为了告诉你，你是大人了，你要习惯任何人突然闯进你的生命，然后又匆匆离开；你要习惯任何人的忽冷忽热，也要习惯每个人的渐行渐远。

春林初盛，春水初生。即使远在天涯，依然相知在心，春风十里，不如你。

春风十里不如你

[1]

梁老师是我拜了把子的兄弟。

他以后担负着为祖国教育小花朵的重担，所以我就怀着崇高的敬意喊他为梁老师。

不像武侠小说上写的那样，人家拜把子，是风流倜傥的大侠遇见了济世救人的英雄，饮觞满酌后，聊起自己以前做的事，行走江湖多年，撂倒了多少地痞恶霸，拯救了多少貌美如花，引得多少懵懂少年郎想跟随自己仗剑走天涯。

几壶酒下肚，下酒的故事说了个差不多，桌上的盘子也渐露了盘底。肩上搭着白毛巾的小二走过来哈着腰问正在交谈的二位："二位客官还来二斤牛肉否？"

大侠摆摆手，只说了句："再上几壶好酒。"说着，从衣襟里掏出银子拍到桌面上。

多少年了，行走江湖，毕竟孤独啊。好不容易遇见了一个与自己旗鼓相当、句句投机、连寂寞孤独都相似的人，太不容易啊。惺惺相惜，一拍大腿，不如拜个把子，在这世上也算是有个兄弟了。我落难时你来帮我一把，你得意时我鞭策你一下，有酒一起喝，有风一起吹，不求同日生，但求同日死，以后黄泉路上也好有个解闷儿的人呵。

于是二人拜了把子，就此结为兄弟。

［2］

梁老师和我拜把子，绝对不是因为我们俩惺惺相惜，是他觉得我太蠢了，和他拜了把子可以补救一下我的智商，在他的教导下也许还有走上人生巅峰迎娶高富帅生个富二代的机会。

我刚翻了一下我们俩的聊天记录，"建议"二字出现的频率极为频繁。以前懵懂的时候，问他个问题，他劈头盖脸一顿分析，能让我瞬间冷静。然后，看他一条一条地分析过来，我心里在想，事情好像没有那么糟糕。（附：除了在智商上碾压我之外，聊天的时候他使用的表情包也分分钟让我落草为寇，败走华容道。）

之前写推送的时候我分不清"的得地"的用法。他不厌其烦地教了我好几遍。

"错！愚蠢！猪脑子！笨蛋！傻瓜！neng（用四声念出来比较带感）死你！后面是动词吗！你用'的'！

"是这个'得'。"我被凶得一愣一愣的，不敢多说一个字。

"笑什么笑！犯错误了还好意思笑！它是形容词！要用'得'！"梁老师认真起来，那姿态比吴彦祖都帅。

"封面也不搭！我找了一张，娘的，给忘了！"

"没人看封面的，真的……"我哆哆嗦嗦地说。

"我看啊！你这个不负责任的妈！"他一脸想neng（念四声）死我的表情。

［3］

除夕那天晚上，我给他发了个红包。

他默默地领取了之后，还发给我一个表情包，上面有俩字儿"低俗"。

[4]

梁老师在三月里经过了一段非常低落的时期。我不知道怎么去安慰他，因为有些事实是我改变不了的。

我说，我把我所有的好运都给你，希望有个好结果。

可是像我这样买彩票买四次都中不了一块钱的人，好运也是有限。梁老师因为一分之差，去不了想去的地方。

他黯然地回学校，但依然很平静。

回去之后在微信上给我发好看的风景照片："你看，我今天去了九溪烟村！环境甩北方一耳光！"

然后发给我一件衣服的图片："好看吗？"

"好看。"

"那就买了！"

他的身影在我的心里一下子高大起来。

[5]

那天，他突然给我发消息说："阿曾啊，我能给你预约一下时间吗，待会想跟你打电话唠嗑。"

"九点半，我给你打过去。"

我忙到九点三十刚好结束，打过去的时候，是九点三十一分。

"对不起啊，迟了一分钟。"

"没事啊。"他的声音听起来很清脆，也好像没有责怪的意思。其实我都已经忘了大部分的聊天内容，从编制说到旅行，从幼儿园的教育说到南方暖暖的风，打了五十四分钟的电话，最后我们俩得出一个一致的结论："钱太重要了，我们要努力挣很多很多的钱"。

"你好好努力啊，毕业滚到苏州来，我带你玩儿去啊！我想想杭州有什么好吃的……"他真的想了一会儿，然后又接着说，"算了等你真的来了再说，好多好吃的呢，我管吃管住！"然后又好像自言自语地说："那个时候我领了好几个月的工资了，也差不多领了年终奖了，你尽管来就好了。"

"你不怕吃穷你啊？"我问，梁老师嘿嘿地笑："才不怕这个"。

电话这头的我啊，除了拼命地点头之外，就是在傻笑，快笑出眼泪了。

[6]

我和梁老师，自高中毕业后就再也没有见过。一晃，三四年就过去了。

我不再是那个怯怯地问他问题的小学妹，他也不再是那个看起来很高冷的学长。

我记得有这么一个故事。在忍者的世界里，忍者的第一准则是不顾任何代价完成任务。但却有一个声望极高的人，他在一次重要任务中，选择救自己的朋友而没有完成任务，后来他被自己救的那个人恶语中伤，羞愧自尽。而这个人的儿子，在后来的一次任务中，也选择了同样的道路——尽管之前他非常讨厌自己父亲。后来，他教导自己的学生说："原本我以为，一个不能完成任务的人是废物，后来我才明白，一个不能懂得珍惜自己伙伴的人，才是真正的废物。"

"落地为兄弟，何必骨肉亲。"愿多年以后回首的时候感慨一句，"一晃啊，三四十年就过去了。"

经历了那么多后，才发觉，爱情不过是鸡肋，而真正的友情才是生命。

春林初盛，春水初生。即使远在天涯，依然相知在心，春风十里，不如你。

所谓伊人或少年，在水一方，月下横笛，倒满酒，等你。撑不过的永远，就交给回忆当替补。杀不出重围的哎，就地缴械投降。等不到的心上人，往前走两步试试，过了路口转角拐弯，他们家的水煮鱼，辣得让你忘记初恋很甜。

单枪匹马，了无牵挂

[1]

我一个朋友失恋了。

他用故作轻松的语气说："我无所谓咯，结束啦。"我明白这只是嘴上逞强而已，一句带过，心里却会一直重复。

失恋这种事情，期限，是一年。而且，谁也帮不了你，大道理都懂，唯独小情绪反反复复。有时候，别人说的某句话，街角处听到的某句歌词，朋友圈里的几张电影截图上的台词，你都能拐几个弯想起以前陪在身边的人。

当情绪占领制高点，回忆便是最锋利的伤人利器。你逃不过这场枪林弹雨，在这场告别恋人和忘记过去的战争中，只要你一想起她，你便输得一败涂地，伤得千疮百孔。

你悲哀地说，你以后再也不会对第二个人说那么肉麻的话了。你以后再也给不了第二个人这么多了。也许以后再也不会遇见互相喜欢的人了。

从此那个说了再见却再也见不到的她，成了你头顶天空的星星，跑步中的过路人，耳边吹过的微风，天台上的空酒瓶，楼道拐角处的烟蒂，夜晚看不到的思念。

我沉思了很久，在想该如何安慰你。难过并不会一直伴随着一个人，我想，最强烈的难过，是在某一刻突然想起来，自己身上那个根深蒂固的习惯，是如何得来的：只买某某种颜色的水，只用某种牌子的纸巾……这些习以为常的小事，是记忆里藏得最深的刺。

那个人来过，可是也确实走了。

但是，少年，你前方的路还长啊。

希望你依然相信爱情，相信未来的不远处还有人在认真地等着你。但是你要记得："要发光，她才能看到你，要友善，她才敢接近你，要优秀，她才有可能爱上你。"

[2]

我有一个认识了很久的朋友。这两天有事情到北京。下了火车的第一件事就是给我发微信说："哥们儿，我到北京了。"

大概是有三四年没见了吧，彼此只能从照片里窥探变化，我笑他越来越猥琐，他怒回我越来越汉子。

以前在一个学校的时候，能跑到彼此班级的走廊下聚在一起，无话不说，聊文综聊数学聊英语聊未来谈月亮谈人生谈他的初恋那个小女孩。那时候，走廊上一层是老师办公室，以至于班主任经常站在办公室外面监视着我们俩聊天，表情严肃。

那是我再也回不去的夏天和青春啊。

我回给他微信："好啊好啊，等哥去找你玩。考试全过！"

很久没有再浏览朋友的QQ空间，有时间去看朋友圈，发现大家过得都挺好，有吃有喝，有的妹子已经嫁人了，言语间全是幸福。我不禁感慨，时间过得太快了，曾经一起手拉手奔跑的人一下子就走散了，而且再也不会聚到一起了。不过，我觉得很好的是，他们都还像以前一样快乐着，即使生活轨迹里已经没有我。

其实很想和老朋友聊聊天，说一下我最近的生活，告诉他们我还是跟吴尊分手啦，虽然很相爱，但是很遗憾。而他们也会像当初那样帮我擦干眼泪拍拍我的肩膀，告诉我没关系，金城武在后面等着我。

但愿人不变，愿似星长久。

[3]

我学会一点一点和过去的自己告别，毕竟我也不是很喜欢过去的自己。

她敏感胆小又爱哭。

以前害怕离开家，现在浪迹天涯也不怕了。以前害怕被误会被欺骗，现在再多的非议也不怕了。以前害怕失去和离别，现在再喜欢的人要离开也不会挽留了。我知道我一直在努力地跑，地球是圆的，我只有不断地向前才有可能回到你身边，再次遇见你，无视曾经的过错和错过，途中的苦涩，我都会把它变成故事讲给你听。

以后的她，会一直勇敢下去。

一个人兵荒马不乱，自扛大旗扬鞭出发。一路海市蜃楼就当幕布电影，望梅止渴越过荒芜就好。所谓伊人或少年，在水一方，月下横笛，倒满酒，等你。撑不过的永远，就交给回忆当替补。杀不出重围的，就地缴械投降。等不到的心上人，往前走两步试试，过了路口转角拐弯，他们家的水煮鱼，辣得让你忘记初恋很甜。

[4]

在这洪荒宇宙中，你要记得，唯有失去才是常态，是永久。

单枪匹马，了无牵挂。

陌上繁花，无心顾暇。我要赶快回家，告诉妈妈，我已经勇敢地长大啦。

尽兴此生，
赤诚善良

———●———

第五辑

即使哭泣，

即使伸手想要去握紧，

所有以前的以及以后的，

都遥不可及。

你知道，

哪怕成长中缺失小小的一瞬，

你都不能成为现在的你。

什么是更好的人?

大概是明白自己的缺陷,并不以此自卑,能够正视自己,并努力变好。善良,阳光,并不一定优秀,但一定上进。

对人对己,都有着足够的认真。

人生,不过是笑中带泪

[1]

以我现在的年纪,谈人生,有点扯淡。毕竟经历得太少,见识得不够,阅历还太浅。每当有人说我:"你还年轻,单纯。"我就在想,一个人,到底要经历多少欢乐的,悲伤的,痛苦的事情,才能变得所谓的"成熟"。

成熟是什么?是居高临下,是临危不乱吗?

还是已经历练成情场高手,"万花丛中过,片叶不沾身?"

还是已经看淡一切,宠辱不惊,坐看云卷云舒?

还是已经世故圆滑,左右逢源,人群中谈笑风生?

其实,我不喜欢"成熟"这个词,因为成熟,就意味着腐烂。大概也可以推及到人身上,一个人成熟之后,开始变得世俗现实自私。

可是,我们慢慢都会走向腐烂。

[2]

"感动中国"中的高秉臣曾经说过:"没有在深夜痛哭过的人,不足以谈人生。"

细数过去那些单纯幼稚的岁月。

那些枕巾被泪水打湿的夜晚。

努力学习物理化学永远也不及格的时候。

得知高考志愿调剂之后的无奈。

被朋友背叛之后的寒心。

异地求学的孤独。

想念家乡时的难过。

有谁没有深夜痛哭过？有谁不足以谈人生？

哭过之后，我要做那个还能继续走下去的人。

[3]

朋友说永远搞不懂我的笑点。有时候对着空气就能傻笑。笑点低的人泪点也低。我是个容易被情绪影响的人，有时候因为一些事情，很容易掉眼泪。

中午的时候，和一个青年旅社的掌柜聊一些事情。对着屏幕的我早已经哭完了一卷卫生纸。

他说："你哭谁呢？哭你自己还是哭他？很多事情都会难过嘛，你已经放下了吧，难过就是放下之后的正常表现之一，哭泣就是开始痊愈的象征。"

我的眼泪还是一直涌上来。道理我都懂，就是控制不住眼泪。

"把美好寄予他人还是自己珍惜收藏？"

"当然是自己珍惜收藏。"我说。

"哭也救不回过去，发生过的都不会忘记，不过孩子脾气而已。你应该笑啊小姑娘。"

他好像看破了一切，像故事中深谙人生道理的禅师，点化一个懵懵懂懂的世俗中的年轻人。

"试着笑笑，一笑泯千愁。"他发过来一个微笑的表情。

"谢谢。"我好像说不出什么。

"回到起初，以现实情况看，比他好很多的一定不止1000个人。"他发过来一个大笑的表情。

"还有，如果以后再遇见完全一样的人那得多惊悚啊，哈哈。"

我已经停止了哭泣。干掉的泪痕让我觉得脸皱巴巴的。

掌柜还在不停地发消息给我。

"坦然面对生活中的不一样，生活并不是处处完美，但懂得善待彼此就会更接近。你还小，容易被表象困惑。你年龄小，说明你有的是时间幸福。"

"容易被表象困惑，有的是时间幸福"，我一直记着这两句话：第一句是现在所处的人生阶段面临的亟须历练的问题，第二句则是动听和实在的安慰。

还要经历多少事情，我才能成长为一个看透表象的人。还要走多久的路，才能遇见幸福。

[4]

寒假回到学校，窝在寝室的床上一星期，和零食为伴，体重一路飙升到一百二。

当我爬下床的时候，我一照镜子，镜子中的人浮肿虚胖，毫无精神。我慌了，扔掉了床头所有的零食，开始跑步减肥。

每天晚上四千米，雷打不动的四十分钟，每天早晨一杯豆浆一个鸡蛋，中午水煮菜和米饭，晚上基本不吃饭，杜绝了所有的零食和碳水化合物。买袋酸奶我都要看一下它袋子上的碳水化合物的含量。早睡早起，好好洗脸。

每天跑到汗流浃背，压腿拉伸疼得一头汗水。

仰卧起坐，平板支撑。直到昨天，跑步坚持了有三个星期了。

体重秤上一称，54公斤，虽然依然是个胖子，但我有了变成瘦子的底气。是啊，胖子没有追求美的权利，但没有人会嘲笑一个努力减肥的胖子。

就算咸鱼翻身之后也还是咸鱼，但有着不腐烂的自尊。

[5]

看过很多很多的话，都说，愿你变成一个更好的人啊。

什么是更好的人？什么是内心强大？

我一直在想。

我每天早睡早起，有时候上课走神玩会手机，不高兴了逃几节课，高兴了去图书馆看会闲书，认真地背单词，认真地减肥跑步，认真地和朋友开玩笑。有时候会因为买鞋子买哪个颜色纠结，有时候也会因为电影主人公的悲惨命运哭得一把鼻涕一把泪。

认真的在心中做着变女神的不靠谱的梦想。

现在的生活自由而平淡。现在的我也早已经能在别人泼我冷水的时候再烧热了泼回去。一再告诫自己不要将就，在任何时候。也能在面对别人不怀好意的嘲笑中微微一笑不再解释。将自黑玩到最高境界。依然会哭，但哭过之后，擦干眼泪，还是能笑出来。

总要一个人面对，别人无法替你成长。

总有一些人，你根本不必理睬。

还有一些人，只适合悄悄地收藏在记忆里。

什么是更好的人？

大概是明白自己的缺陷，并不以此自卑，能够正视自己，并努力变好。善良，阳光，并不一定优秀，但一定上进。

对人对己，都有着足够的认真。

人生，不过是哭着哭着还能笑出来。因为有难过的事情，也有开心的事情。难过的总会过去，开心的总会到来。一切都会变好的，我，还有你。

成长从来都不是把有棱角的石头磨平，而是用一个更大的圆把棱角裹住。你要学会消化自己的悲乐，变成一个知世故而不世故的人，经历过很多，懂很多道理，却简单清澈，笑而不语，痛而不言。

所有的悲喜，你都得自己消化

"越长大越孤单，越长大越不安。"

以前听牛奶咖啡的歌时，并不懂得这句歌词有多么孤独，因为当时转个身就是看书的小伙伴，抬起头就能看见朋友在走廊里嬉闹的身影，下课了去厕所也要几个人手拉着手去，向世界宣告我们的友谊百毒不侵永不分离。

那个时候，喝水用同一个杯子，天天在一起吃饭，住在一个寝室，在彼此的日记本上写上几句谁也看不懂的话，我们以为，三年的时间，就是地久天长了。

现在才深深地理解了以前听不懂的歌词。

[1]

早晨七点钟我穿过学校长长的街道，树影斑驳，这个时候人很少。我经常遇见一个边听音乐边跟随着音乐低声唱歌的清洁工。他穿着橘黄色的工作服，裤子上溅了一些泥水，但他毫不在意，只是静静地低声唱歌，慢慢地打扫街道。

夏天清晨的阳光温柔地照在他的身上，我觉得整个世界都很安静美好。

我感觉到他的安详和快乐，这种快乐是无法与人分享的，我只是路过，不能打扰。

我想跟别人讲，你明天早晨起早一点，就可以遇见这个喜欢唱歌的清洁工叔叔了！别人说，是不是有病，起那么早干啥。于是我闭了嘴。

后知后觉，这种我自己感觉到的快乐，没有人可以与之分享。

[2]

有时候会有过很酷炫的事情发生在自己身上。

比如，我告诉别人："你知道坐电梯的时候把关门键和你要去的那一层的数字键同时按会直接到达吗？"

别人的反应是，头都不抬，继续看手机："是吗？"

是啊是啊，我试验了好久呢，感觉好酷炫啊……

比如，当自己不小心碰到了杯子，却又在杯子即将要倒的那一瞬间眼疾手快稳稳一把扶住杯子的时候，感觉自己酷炫得不行啊！

可是转眼一想，刚才我自己那么酷炫只有我自己知道啊，于是有点失落了。

很多时候，我们自己觉得酷炫的事情别人不屑一顾，我们想要分享的事情对别人来说毫无意义，我们伤心的过往别人不能感同身受。

所有的悲喜，我们只能自己消化。消化完了，冷却的伤口即使不会复原，却让你拥有了面对下一次伤害的抗体；灼热的欢愉即使不会持久，却让你充满了再一次拥抱现实的元气。

[3]

随着年龄的增长，我越来越不喜欢把自己的悲伤告诉别人，快乐的事情也只是有选择的与朋友分享。

我始终谨记着一句话："切莫交浅言深。"

忧伤的事情，告诉无关的人只是再重复一遍伤痛，结好的疤痕一次又一次被掀开，痛苦愈发累积，你永远也愈合不了；欣喜的事情，告诉交浅的人，他们只是会觉得你是在炫耀，赞美也绝不是由衷发自内心，与其听那种虚伪和嫉妒的言语，不如把这欣喜留在内心，当作自己前行遇见下一次庆典的动力。

不要觉得自己可怜，感觉当代年轻人最大的毛病就是到处诉说自己可怜，各种悲惨经历，我除了对小朋友讲故事的时候说自己兼职的时候多么累多么悲惨以希望他好好学习不要想着自己能脱离家庭独立，没有对任何人说过。比你惨的多着呢，流浪狗是不是比你惨？他也没有手机可以玩，也没有朋友圈可以刷，还没有工资，人家嗷嗷叫了吗？关键是，这种人一般没什么出息。

我很欣赏的一句话是："要活得漂亮，一不解释，二不抱怨。"不解释，是因为知道自己的目标，对于别人的非议不必在乎，我会用行动堵住别人的嘴；不抱怨，是因为为自己想要的生活付出努力流血流汗，我心甘情愿一路奋战。

[4]

成为学姐之后，会有学弟学妹私底下跟我聊天，谈他们的失望谈他们的理想谈他们脆弱的暗恋。我都懂，我想把我的建议说给他们，但又觉得，这实在是一件徒劳无功的事情。

因为，我大一的时候，我的学姐也给过我很多告诫，但我根本无法理解也不想执行。

直到经历过，才懂得，当时若是听了过来人的经验，应该会少走很多弯路，也不至于撞得头破血流还死活不认输。

所以，我告诉他们，学会成长，学会面对你害怕的，学会自己解决事情，总之就是不要怕就对了，有些事情，不曾走过，就不会懂得。

[5]

成长从来都不是把有棱角的石头磨平，而是用一个更大的圆把棱角裹住。你要学会消化自己的悲乐，变成一个知世故而不世故的人，经历过很多，懂很多道理，却简单清澈，笑而不语，痛而不言。

即使哭泣，即使伸手想要去握紧，所有以前的以及以后的，都遥不可及。你知道，哪怕成长中缺失小小的一瞬，你都不能成为现在的你。所以，你一个人孤军奋战并没有感到有多惨有多后悔。人生的路还很漫长，你要往前走，不要哭，你要加油。

年少总无知

很多年后，当我有能力在高耸写字楼里拥有着属于自己的宽敞舒适的办公室，吹着夏日里的空调，手里捧着一杯咖啡，一只手在慢慢地搅拌着漂亮杯子里的咖啡和糖，坐在落地窗前看着低处的来来往往的庞大的人群汹涌地穿过街道，甲壳虫般的汽车一个挨着一个地等待着红灯亮起，我还会不会想起遥远的很多年前的那个下午。

是啊，你站在高大的落地窗前，想起那个遥远的夏日。

你看到几个穿着校服的学生嬉笑着从人行道上的树荫下走过，那是可以看得到的青春，你想起和他们一样的十九岁的你，苦笑了一下，吐出两个字："真傻"。

真的太傻，或者是不懂得知足，想要的太多。

你隔着漫漫的记忆重围，看到时光深处十九岁的你，还有在一起另外两个女孩的背影。

那是五一节放假的前夕，年轻人花钱总是不知道节制，离放假还有两个月，生活费却已不足千，带着百分之五十的负罪感和歉疚，以及另外百分之五十的倔强，于是宿舍里的几个妹子商量着要去找兼职挣钱。

事情只要和钱扯上关系，人就会走上两个极端：极度理智或极度不理智。那时的你和室友就属于后者。室友随手浏览了几个网页，如中了奖般地对如同无头苍蝇的你们喊："快看，这儿有兼职消息，每天150元！"

在那时的你们看来，150元一天的报酬真是个大数目，做三天就可以买好多自己喜欢的东西。十九岁的你们真是单纯得没有烦恼，也没有脑子。几个人一合计便决定第二天赶去那里面试。

你的一个室友坐在床上，空想着如果有了钱要买喜欢了很久的包，要买化妆品要买很多东西。你坐在桌子前，手托着腮，在想如果有了钱之后做什么。茫然地盯着窗外的天空看了好久，没有想起来到底要做什么，或者是存起来还是买下那件喜欢了很久的衬衫？那时候的你，总是会在一些无关痛痒的小事上纠结很久。

第二天穿戴整齐，一路上你们几个人欢快地叽叽喳喳，心里有点不踏实，那种不踏实不是因为怀疑这家公司是不是骗子，你们的不踏实地居然是担心面不面得上！几个人一路坐了二十多分钟的地铁，到了耀华中学那里，又打电话给那个公司的人问地址在哪。要横穿马路要去一个大楼里的七层。你们怀着既激动又紧张的心情走进那座几十层的大厦。

说实话，那座大厦内部并不像你们想象的那样与外表符合。一进去只有一个年衰瘦弱的保安站在一旁，空气里弥漫着一种让人不舒服的气味，光线昏暗，莫名其妙的阴凉，穿堂风吹的刚晒过热烈阳光的皮肤瞬间起了一层鸡皮疙瘩。这个地方怎么看怎么都像电影里那种黑心旅馆或者黑社会聚集地，又或者是不良少年的打架斗殴的最佳场所。

几个人胆战心惊地看着周围的环境，和几个清洁工阿姨挤进狭小的电梯间，摁下"7"那个数字，老旧而且摇摇晃晃的电梯让人感到眩晕。你对着电梯里如同镜子般的墙面整理整理头发，然后抬头看着电梯上升的数字逐渐靠近"7"。

其实你们并不知道等待你们的是什么。年轻如你们，对于未知的事物虽然害怕却从未想过逃避。只是凭着一腔热情和无畏往前闯。直到很多年后经历了很多事的你——现在的我，才懂得那是成年人世界的大忌。

七层的走廊更加昏暗，明明是下午阳光正好，走廊里却完全像是清晨之前的黎明。每一家的小铁门紧紧地闭着，一个赤裸着上身穿着大裤衩，一只手夹着烟的男子蹲在门口打电话。他瞥了你们几个女孩子一眼，却让你感到浑身发凉。很长很长的一条走廊，旁边有的招牌上写着"家政服务"或者"××美容"。你们也不禁有点嘀咕，在犹豫着要不要去，结果腿还是不由自主地向前迈。

找到那间公司的地址，是一间不大的房间，里面有四台电脑，后面坐着四个胖瘦不齐的男子。除了你们还有几个男生进来问兼职的事。这时候你们的心情稍稍放松下来，因为还有其他的人来啊。

年少的人啊，真傻。

男子问你们是来面试的么。你们点点头。一个自称是白经理的年轻女人把你们带到二楼的一个小房间，让你们坐下。她抹着浓浓的眼影，画着夸张的口红，坐在一旁给你们讲解规则制度。这次狗血的面试居然是你人生中的第一次签合同。

年轻女人说为了避免损失，要交部分押金，你们虽然犹豫了一下，但还是交了两百块。年轻女子起身蹲在小桌子旁写合同，边写还边给我们说她男朋友今天晚上居然给别的女人过生日，签完合同就要赶去捉奸。天真的你们还附和着说，这男的真不是东西。

傻子，人家想让你产生信任感，编个故事，让男朋友背点黑锅又能怎么样。

你那十九年是不是都活在狗身上了。

交完钱，第二天还要再来这里报到。那时候你其实对这种奔波感觉到一种空前的疲惫，那是一种精神上的缺乏安全感。你不想这样，可是那颗心却怎么也控制不了随波逐流。

你站在地铁里，刚刚走路的一头大汗，被地铁里空调吹出的冷风悄无声息地带走，冷热交替，你有一种头痛的感觉。

没有人能说得清。

第二天再接着去那个地方。不知道为什么，你心里陡然生出一种抗拒感和厌恶感。你心里想着做完合同上签好的三次兼职就再也不做了。你在地铁上，看到几个嬉笑的少年，穿着不整，开着低俗的玩笑，倚在车厢的一侧，大声谈论着今天见到的姑娘。

你转过脸去，心里想着像他们那样的视野和人生真悲凉。也许就是这样，社会才划分成阶层，才有了"高富帅"与"屌丝"的区别，不仅仅是财富的区别，还有人格与素养的差别。

　　到达大厦，不经意间在电梯入口处瞥到的一则通知让你心事重重，"按劳动法规定，任何以服装或其他形式索要押金和其他费用的行为都是违法的，请前来找工作者注意。"

　　又是那间狭小的房间，一个戴着项链的男子先让你们补齐了服装费，然后给了你们一个地址，说到那儿后找苏经理就行。就这么被简单地打发到另一个地方。

　　坐公交车坐过站，只能又走回去，横穿马路，闯了几次红灯，终于找到要去的地方。你们看到那个地方的招牌，是真的想要掉头就跑。

　　"××娱乐会所"，说白了就是夜总会。

　　门口站着一个矮胖的男人，看见你们三个，说："是不是要找苏总？"

　　你们点点头。

　　"进去，左拐，上二楼。"那男人抽了几口烟，瞧都没瞧我们。

　　你们战战兢兢地上楼梯。

　　"难道我们要在这种地方做兼职？"

　　"难道推销酒水么？"

　　"要不我们还是走吧，"

　　白天的夜总会出奇安静，但是却昏暗异常。

　　"别忘了我们是学跆拳道的，来都来了，先看看吧。"你自我安慰同时也安慰着身边的女孩。

　　于是三个人走到二楼，一个五大三粗的男人粗鲁地吼："哎，你们是干吗的？"

　　"我们找苏经理。"你身边的女孩小声说。

　　"噢，那去那个房间坐着等等吧。"他随后打开一间包厢的门打开灯，让你们进去。

　　坐在打开灯依然昏暗的包厢里，周围是KTV常见的装修风格，红色和黑色的玻璃光怪陆离，显得无比狰狞。

"我们到底做什么啊？"一个女孩跑出去问。

"不是让你等了吗！"男人没好气地说。

最后一个女人推门进来，看了看我们，在另一张沙发上坐下。听她说的意思，你们还要交100块钱办张考勤卡才能工作。100块对你们仍然不是小数目。最终你们选择了仓皇逃离那个鬼地方。

你们开始觉得这是个骗人的公司，你们拿着合同，又去了那间小房子。你还记得你第三次走进那座黑暗大厦的时候，你心里想："我永远不会再来这个地方了！等我以后开了公司一定要先兼并这个地儿！"

当你们再次踏入那间房，之前对你们笑脸相迎的工作人员爱理不理，之前的年轻女人看见你们便迅速起身走进另一个房间。一个男人把你们逮到一个房间里问："你们想怎么样啊？"

"我们不干了，合同上没说还要交钱啊！"

"按照合同规定，退还百分之三十，这样吧，给你们一百块钱。"那个男子根本不想听你们的任何解释，不耐烦地就这么把事情摆平。

而年轻的你们选择了妥协，事实上也别无他法。从那一天起，你开始见识到社会黑暗的一面。大学是个小社会，但它依然是个学校，不能完全复原社会的一丝一毫。人情淡薄，世事苍凉，你有没有记住？

你们在回去的路上安慰着说就当为错误买单，以后会记住教训，甚至笑着说没有被坑过的人生是不圆满的人生。但同时也狠狠地骂自己是个傻子。

事实上，是你们年轻的心太贪婪，想要不费力地得到一切，欲望太多，想要不付出就去实现。幸好你认识到这个道理，不贪心，踏踏实实，不占小便宜，因为这次教训，你开始把这些最平常的话奉为圭臬。

你还记得，就算被坑了钱，心情也没有很低落。路遇满架蔷薇，还煞有介事地拍照。

青春就是这样，不能因为一件事而失去路上其他的风景。

五月的蔷薇真好看，像最美丽的姑娘闪闪发亮的眼睛，风吹动的叶子摇摇晃晃，像姑娘蝴蝶般的眼睫毛扑棱扑棱。

好多年过去了啊，你还是记得遥远的往事，或者有些正在模糊，有些也已想不起来那些事件总人物的模样。可就是那个十九岁的少年，就这样跌跌撞撞，一路磕碎，一路流血，一路成长，却也这么走过来了。

你端起杯子，喝了一口咖啡。很多年的你只喝白水。你在想："我是变成另外一个人了啊。"其实，当十九岁的你暗自下决心一定要过上自己想要的生活，再也不要奔波劳累时，你就无法改变命运了。即使哭泣，即使伸手想要去握紧，所有以前的以及以后的，都遥不可及。你知道，哪怕成长中缺失小小的一瞬，你都不能成为现在的你。所以，你一个人孤军奋战并没有感到有多惨有多后悔。

人生的路还很漫长，你要往前走，不要哭，你要加油。

我所经历的寻常青春，也是你所经历的；我所看到的平凡世界，也是你看到的，我所希望的，也希望是你所希望的。

愿阳光下像个孩子，无忧亦无虑，善于忘记那些不快的事，又有一颗好奇的和向好之心，风雨里要像个大人，

阳光下像孩子，风雨里像大人

夏天，一入黄昏，暗蓝色的天光在晚风的携裹下就变得越来越浓。跑步的时候，心里想着事情，蓦地一抬头，发现不知什么时候，操场外的路灯都已经陆续亮了起来，路灯下有瘦而高的少年和散着头发的少女说着风才能听见的话。

就像岁月混沌中摸索着向前走，高中时沉浸在日复一日地学习和升学的压力中，资质平庸，如溺水的人连根救命稻草也抓不住，索性放开手铁了心沉下水底去自生自灭。即便是曾经觉得无比抑郁又黑暗的时光，也一晃而过了。

时至今日，前行中突然清醒，却发现人生仿佛到了一个这样青黄不接的尴尬年纪。失去的，是曾经不可一世的少年意气，是淋漓尽致的激扬文字；未获得的，是笔走天涯的洗练冷静，是阅尽千帆的沉着大气。

再也不能随心所欲地表达，因为已经有了羞赧和顾虑，有了对人际和世间事的惧怕；曾经年少轻狂，潇洒得好像连全世界说不要就可以不要了。现在，连和一个人疏远都会觉得痛心。

可是，还是会感谢那些抑或温暖抑或是冷漠的人，因为他们，我才能平安成长，变成了一个感情健全的人，有爱有憎有感动。

安静的时候回想过去的事情，心里总会骂那时的自己无知幼稚又矫情。大概人都有这样的一个循环，每到一定阶段，就会否定前一段时光里的自己。但是尽管那时说的话做的事虽然幼稚矫情，但确实是经历的最真实的感受，我们曾经无限地夸大自己所经历过的友情、爱情、考试，浩浩荡荡，兵荒马乱，好像只有这样，我们才不会愧疚那段被称为"青春"的时光，日后回忆起来，还有值得热泪盈眶的纪念。

曾经的少年，还依然明亮吗？

曾经的少女，还依然无忧吗？

那时的你，笑起来就像是好天气。

时间最温柔也最残酷，抚平伤痕的同时也已经让人来不及回头。再回首，物是人非事事休。

娶了妻的，嫁了人的，有了儿的，生了子的，打拼事业的，各自分散，各自忙碌，各自抱怨。

曾经有古人说，你看，那些来来往往的人，全是为了名和利啊。而他们终于变成了那些在大街上来来往往的人。我却依然好像在原地踏步，像永无岛上长不大的彼得潘，成了他们眼里还没有长大的小孩。喜欢着一些无用的东西，零零落落地写着不叫文字的文字，背着考试完就会忘掉的管理学期末重点，依然靠着大人给的生活费过活，没有爱的人，说好的未来依旧遥不可及。

有时候觉得自己太年轻了，懂书，懂电影，懂音乐，可是偏偏不懂如何生活。

我由昔日里那个裹在宽大校服里敏感又自卑的孩子，变成今日里，敢独自一个人做所有事，晚上十点从地铁站走回学校，默默地在操场上跑一圈又一圈，压腿时疼出声也只有自己知道，再也不期待任何事情，对任何人都亲密和疏远都看得平淡。

前几天我朋友打电话给我："就是想给你打个电话，看你最近心情如何，没别的事儿，嗯，没别的事儿。"

我说，没有大喜大悲，也没有大起大落，很平静地过每一天。

他停顿了下，说，这样就很好。

我是大人眼里听话又懂事的孩子，我是校园生活里一个不起眼的存在，被认识的老师夸赞有礼貌够努力。可是我知道这并非我愿意。我从未放弃过成为一个为自己活着的坏人的决心。

我想去纹身，我想开车越过沙漠像世界一路叫嚣着"我来过"，我想站在海边的礁石上望穿世界的尽头。我想写尽世间美好的，丑恶的事。我想看够世间所有好玩的，有趣的，枯燥的，猎奇的书。我想遇见足够多的人，被段位高的人伤够了心，被善良的人宠出了脾性，余生不需任何人指教。我想看大风大浪，我也想看高山大川。一个人不怕，两个人更好，三个人是同游，四个人是相伴。

我并不想当个太善良的人。而我庆幸的是，看似温良的外表下，我依然还保留着某种不安分的热血。

越长大，遇见了越多的人，反而更喜欢孩子。他们的存在，提醒着我们纯真是什么模样。

我所经历的寻常青春，也是你所经历的；我所看到的平凡世界，也是你看到的；我所希望的，也希望是你所希望的。

愿阳光下像个孩子，无忧亦无虑，善于忘记那些不快的事，又有一颗好奇的和向好之心，风雨里要像个大人。

真正的成长不是不愿妥协不愿改变，而是有了一颗更宽容的心，能拿得起，也能放得下。有自己的原则，有自己的个性，知世故而不世故。温柔地面对每一天，改变的不露痕迹，但你心里清楚地知道，生活就是这么一天天丈量着过来的。

愿你在以后的每一天里都活得像林志玲

最近莫名喜欢上昆曲，晚上睡前看书的时候戴上耳机，张继青的低吟浅唱伴着轻柔的笙箫琵琶的声音，整个世界都显得异常的温柔和安静，神思好像也回到几百年前，于江上漂筏而过，桃花零落，红尘残碎。

不知不觉中成了一个与以前不一样的人

以前的自己较真，倔强，随时像个受惊的小刺猬，愤怒地竖起全身的刺面对这个世界，不愿妥协不愿改变；又像一个只会后退的小龙虾，极其敏感，自以为是，遇到点屁大的事儿就赶快向后退，躲到隐蔽的地方舔舐自己受伤的弱小心灵；还像一只目光短浅只看见眼前食物却不知可能明天就会被宰掉的猪崽子，生活迷茫却不知道找个目标，胖成一堵墙吃得还比谁都多，一团糟糕却做不到像猪一样吃喝拉撒睡得心安理得。

异常迷信地以为一个人走的路才是路，一个人看的才是风景，一个人要经历种种才能得到改变才会成长。

而现在，我才发现一个人的力量何其渺小，所拥有的一切也都被时间吞噬掉，除了有一些改变自己的微小力量，谁也不能改变。

我想最初我自己的改变来自减肥。瘦了之后感觉到世界是如此美好，以至于自己觉得如果其他配套设施不改变的话，怎么能配得上千辛万苦瘦下来的自己。

于是暗自在心里告诫自己，走路要稳重，身板要挺直，站的时候要站好，坐的时候不要跷二郎腿，不要吃太多，要多喝水，多运动，要温和待人待物。其实这些无非是想巩固减肥成果，但是这些做下来以后，我发现改变的不仅是身体的状态，连带着生活中的细节和态度也受到了影响。

现在的我很少赖床，反而能早起跑步，大汗淋漓之后觉得神清气爽；有时间就收拾书桌打扫卫生，整齐干净悦人悦己；每天晚上睡前计划好时间分配，准备好要用的东西；看一些励志女性的自传，学习如何温柔而又有力量；懂得现实的残酷对一切也依然抱有希望，每天元气满满积极向上。

前几天有一个关注者给我留言，说她最近生活很糟糕，情绪也很乱，看了写的一篇文章之后，感觉好很多。我很欣喜，如果因为自己的想法影响到别人向好的方面发展，那么我写的东西就有它存在的价值，我就能带给别人好的影响好的能量。

以前我在文章里说过这样一句话，"成长不是把棱角磨掉，而是用一个更大的圆把棱角包裹起来。"真正的成长不是不愿妥协不愿改变，而是有了一颗更宽容的心，能拿得起，也能放得下。有自己的原则，有自己的个性，知世故而不世故。温柔地面对每一天，改变得不露痕迹，但你心里清楚地知道，生活就是这么一天天丈量着过来的。

每天都和一些人接触，我不知该怎样讲，有些人在对待别人的方面是让人感到非常不舒服，强硬，冰冷，怨天尤人，消极悲观，喜欢泼别人冷水，喜欢否定一切。遇到这样的人我也无话可讲只能离得远一点，因为不在一个频率，一点儿分歧就可能引起不必要的争吵。抑或是自怨自艾，却从来不想着去改变一丁点儿，哪怕是少吃一点零食。

想起之前偶然在微博上看过的一个林志玲演讲的视频，以前对她的印象并没有什么特别，无非是娃娃音，长得非常好看。听了演讲之后开始很欣赏林志玲的生活态度。学习接受，把话说小，把事做好，学会温和，让自己决定自己的价值。时间留给她的是沉静和美好而不是沧桑。她有一颗温柔坚强的心脏，是一个内心饱满不惧岁月流逝优雅而有深度的女性。

生活中我们会遇见很多让我们不能接受的人和事物，我们因此而忧伤而愤怒，但是我们没有想过要去改变自己，去学着做一个温和的人，用温和的语气说话，用温和的态度对待。

老子说，上善若水，水善利万物而不争，此乃谦下之德也；天下莫柔弱于水，而攻坚强者莫之能胜，此乃柔德；故柔之胜刚，弱之胜强坚。意思是"世界上最柔的东西莫过于水，然而它却能穿透最为坚硬的东西，没有什么能超过它，例如滴水穿石，这就是'柔德'所在。所以说弱能胜强，柔可克刚。"温柔而坚定的人有着大力量。

愿我们在以后的每一天里，有着林志玲那样的生活态度，首先做一个能带给自己正能量的人，接受自己，然后慢慢改变爱上自己，然后再把这种快乐的能量带给别人，得到善的互动，当我们每个人都有善的互动时，我们就会发现自己付出的价值，就会更喜欢自己，就有了长在心底里的善良，进而拥有了长在骨子里的坚强。

用柔软的姿态，坚定勇敢地走在自己想去的路上，经过一个又一个挫折，最终会遇见绽放。

我从不曾绕过岁月。尽兴此生，赤诚善良。涉世未深，所以与众不同。愿阅尽沧桑，仍心怀善良和热诚。

愿你不曾饶过岁月

考完研究生初试的这几天，应该是人生中最难得的悠闲时光了。和朋友吃了几次饭，看了积攒很久的动漫，不必担心温饱，能够静下心去看书，平凡生活中偶尔还有一点小小的惊喜和有意思的事情发生，就已经让我感慨，就这样让我幸福地活着吧。虽然很容易悲观，但又能被猝不及防地治愈，做一个女孩子这样的奇怪的生物也很不错，此生尽兴，赤诚善良。

有时候一回头看看过去，才发觉，自己真的要算是一个大人了。偶尔看一下空间访客，看到熟悉又陌生的访客名字，才知道现在的自己早已把过去抛得很远很远了。路走了很多，也发生了许多不痛不痒或者铭心刻骨的事情。

我本身不是一个好的记录者，只是尽本能地把自己曾经感到温暖的感动的难忘的事情选择用各种方式记下来。朋友之间的聊天记录，收到的礼物，路途中遇见的美好景色，有趣的事情，好看的姑娘或者少年，以文字，以照片的形式记录下来。算是人生里的美丽之物吧。岁月企图带走我的好奇心、求知欲和热情，让我变成一个在钢铁水泥间毫无特色庸庸碌碌的成年人，然而我用自己的方式对岁月的剥夺给予了最有力的反击。

昨天和室友出去玩，三个人在大街小巷里走走停停，寒风不算凛冽，阳光也正好，真是美好啊。

看见一只肥猫晒太阳，黄绿色的眼睛眯着，连瞧也不瞧我，真是个傲娇的家伙。我拿出手机给他拍照，我说，喂，哥们儿，你看着我啊，我给你的大脸拍个特写啊。这下他更不看我了，反倒是干脆闭上眼睛养神了。

晚上去"外婆家"吃饭，排队的人挤成了一堆。和室友商量好了和别人拼桌，直接被服务员带到一个大桌子旁。于是我们和另外三个人以及一个独身女生分享了一个大圆桌。陌生人相处一桌，气氛有些许尴尬，除了对面的三个人在低声地说笑，我和室友以及另外一个女生都在沉默地看手机。手机有时候真是化解尴尬的顶级武器。

菜很快送上来，大家闷头吃了一会儿，对面三个人中的两个男生不知道悄悄说了什么，其中一个短发穿格子衬衣的男生站了起来，脸色有点发红，说话也有些语无伦次，把他们的菜向我们这边推了推，"大家一起吃吧……我们菜挺多的……大家一起吃……"坐在他旁边的另一个穿蓝色衬衣的男生低头吃吃地笑，一边笑一边说："帮人家姑娘把汤盛上啊。"

见他这样，我们反倒不好意思起来。不过到底还是年轻人，扭捏脸红一阵，随便找个话题就能聊得来。于是原本的拼桌变成了拼饭，七个陌生人坐在一起分享晚饭，自嘲着自己的生活，有说有笑互相调侃，像久违的老友聚餐。随两个男生一起的是一位内敛沉稳的中年妇女，刚开始看起来有些难以亲近，最后也加入了我们的畅谈，甚至和我们分享了她儿子的恋爱经历，一脸认真地告诫我们如何选择恋爱对象，非常可爱。

最后以粥代酒，两只手捧起碗，把碗里的百合南瓜粥，一饮而尽。

已经很久没有和人分享过生活。长大了之后发现可向人分享的事情越来越少了，每个人脸上都心事重重，脸上难以挂住长久的笑容，眼神外有难以逾越的屏障。所以当我们这些陌生人能够互相信任分享人生中的一些美好的小事，已经很让我觉得这是美好又难得的缘分了。

吃饭过后即将离席，各自的脸上都有一丝的凝重。我们笑着道别，笑着说再见，却深知再也不会见。来自内蒙古的男生和中年妇女在走下楼梯后消失在人群中。另一个女生是已经毕业但却是和我们同校的学姐，在过地铁安检的时候，一转身，她的身影也消失在人海里。

如果我不曾是个记录者，很多年后这件事将被压在后来的重重叠叠的记忆下面。甚至我再也不会想起来。而当我以这样的一种方式记录并与人分享，很多年后，翻到写过的文字，还能清楚地想起来那天晚上有意思的经历，人生饱满而不孤独。

《苏菲的世界》里说："生命本来就是悲伤而严肃的。我们来到这个美好的世界里，彼此相逢，彼此问候，并结伴同游一段短暂的时间。然后我们就失去了对方，并且莫名其妙就消失了，就像我们突然莫名其妙来到世上一般。"

木心说："岁月不饶人，我又何曾绕过岁月。"岁月剥夺的，我都要一件一件要回来。哪怕撒泼打滚耍赖，我都要以各种方式记下来我逐渐消逝的人生。失去朋友后的悲恸，恋爱失败的心酸，毫无症状的惊喜，真实的爱，我都要记得。

我从不曾绕过岁月。尽兴此生，赤诚善良。涉世未深，所以与众不同。愿阅尽沧桑，也心怀善良和热诚。

喜欢一个人，要喜欢出一种大气来。那个遥远的人，要能够给你一种力量，能够让你有一种看到更大的世界的渴望，能够有一种值得学习的精神，这才值得去喜欢。

这一路上的星光

[1]

一直觉得，成长是一条单行路，我们每个人沿着一条硬涩的柏油道上的白线平稳地向前走着。但当一切忽然暗淡下来，抬头看前面也没有路灯。前方突然出现点点星光，你鼓足了劲，又能继续在微弱的光里前行下去。对于我来说，能够在黑暗里代替光亮并且让我能够继续健步走下去的星光，就是我喜欢那些遥远的人的理由吧。

年幼的时候，我曾经很崇拜秦始皇和成吉思汗。前者终结七国战乱，后者横扫欧亚大陆。我每次看到战争片里的血腥厮杀和战马奔腾，我都会想，几千几百年，这样的人到底是有怎样的魄力和胆略以及毅力，才能去完成自己的统一大业？

既不能依靠数码宝贝变身，也没有圣斗士星矢。后来逐渐读了一些有关二者的历史，秦始皇太暴虐，成吉思汗太喜欢屠城，掩卷而思，对他们的崇拜之情渐渐淡去，但对于他们的伟大功绩依然敬佩，还是会很喜欢历史故事里那个因为嫌名字太复杂而要求改名，结果被老师用藤条揍了一顿的嬴政；还是会喜欢那个机智勇敢的少年铁木真。

后来初中的时候，中国台湾的偶像剧正在大陆泛滥。我已经想不起来是哪部剧让我喜欢上了苏有朋和林志颖，但那个时候，他们干净帅气的脸孔，笑起来一脸阳光又不羁的少年模样，符合少女的全部想象。少吃几根冰棍，把零花钱攒下来，去学校旁边的文具店里去买有关他们的五毛钱一张的海报。在那个一角钱能买好几颗糖的年代，五毛钱已经算是很多了。每周我都去买他们的贴纸和海报。

有天我妈收拾房间，从我床垫子下面搜出来一沓海报。我妈坐在床上指着地上的海报问我："给你的零花钱都让你买这些东西了是吗？！这东西能吃吗？啊？我问你能吃吗？！"

默默挨了顿骂，又默默地把那些海报收起来放好。从那以后虽然再也没有买过海报，但每次去文具店，都会去看几眼新到的海报。

等长大了再去看那些海报会忍不住笑，陪伴了我整个初中的少年呢，曾经很努力地学习，也是希望有一天能亲自见到他们并且告诉他们，嘿，我真的很喜欢你们呢。

[2]

初三的时候，偶然看到一首歌的歌词很棒，于是摘抄下来，写作文的时候用上了。后来那篇作文被语文老师在班里当成范文来念。那首歌的名字是《青花瓷》。于是，第一次开始对咬字不清唱着哼哼哈哈的周杰伦产生好感，准备了一个厚厚的黑色硬皮本，把他的歌换个儿抄了一遍，边抄边想，我的天，方文山为什么能写出这么好的句子，我的天，周杰伦为什么能这么厉害。

喜欢他到什么样的程度呢？就是在大街上听到有商店或者有人放周杰伦的歌，我就会手舞足蹈激动得大叫着告诉周围的人：这是我们周杰伦的歌！

一直喜欢到现在，将近十年了。那天《前世情人》的MV出来的时候，我点开看，作曲人的名字从一个变成了两个，"她是我女儿"一行字从黑色的屏幕上浮现出来，我突然就忍不住了，眼泪就掉出来。我分不清是感动还是高兴，喜欢了那么久那么久的少年，一转眼，已经为人父了。

可是他的歌还是像年少的时候一样，没有人能比得上。

他的桀骜不驯已经渐渐隐去，取而代之的是人到中年的宽容与平和。可是他最初的张扬和自信，却一直影响着我。

去看他的演唱会的时候，开场前的大屏幕上循环放着一段视频。他一个人站在台上举着奖杯，因为年少无名，旁边没有一个采访的记者，他还是很高兴地把奖杯举得高高的，羞涩地舔舔嘴唇。

我想，他变成了那个最想成为的自己吧，能够有能力给外婆和母亲最好的生活，能够给爱人最坚实的城堡，能够用实力把曾经的嘲笑全都狠狠地摔在地上还回去。

我也想要成为那样的人啊！尽管看演唱会的时候，我和他只有几十米远，可是我依然觉得与他遥不可及。他坐在台上弹着吉他，整个人熠熠生辉。我用尽了所有的力气吼着他的名字。

总是会跟朋友讲，老子要听一辈子周杰伦啊！我也想像他那样，一路走下去，不管别人看不看好，去努力得到自己想要的。也许我每变优秀一点，我就距离他更近一点。

他是星光，也是信仰。

[3]

后来又很喜欢周总理和康熙皇帝。看有关他们的电视剧，把《康熙王朝》翻来覆去看了好几遍，又把一个个人物角色和历史上的真实人物比对。几百年前的康熙已经逝去了，可是他却在后人的心里种下一颗种子，这颗种子代表着一种意气，一种胸怀；周总理也早已逝去，只能追寻他在历史上的背影，为他伟大的人格和优雅的风度所折服。无论华服还是布衣，他永远神采奕奕。

他们真的很遥远了，遥远到只能在历史记载和电视剧里仰望。

可是他们是我头顶的星光，很难想到已经遥远的他们对我有什么影响，但是他们让我明白，大道无术，最重要的是修炼自己，先改变自己、提升自己，而不是学什么投机取巧的办法。

[4]

之后又深陷于霍建华的颜值和人品，很简单的理由，他符合我心中理想型的全部条件。作为一个少女心爆棚的不着调女生，谁不喜欢另一半帅炸又沉稳板起脸来训人的时候都温柔得要命啊。

我信誓旦旦地在微博上说，总有一天，我会不是以粉丝的身份站在他面前。

我从不热衷于去关注他们的最新消息或者追随他们的动态，签名和照片都没有意义，即使我有他的一千个签名，我们的距离也不会被缩短一厘米。我只有非常努力，才能靠他近一点点。

前天我给我朋友说，我好喜欢张继科啊！我好喜欢他的纹身啊，我好喜欢他霸气的性格和剑刃般的精神啊。

我朋友说，花心的人，请不要和我说话。我理直气壮地说，我喜欢他，以后是要去见他的。他道，也就只有你，能想出来这样的理由。

喜欢一个人，要喜欢出一种大气来。那个遥远的人，要能够给你一种力量，能够让你有一种看到更大的世界的渴望，能够有一种值得学习的精神，这才值得去喜欢。

[5]

一路走来，喜欢过很多人。但真正一直在心底里喜欢和崇拜的，只有寥寥几人。他们是我的信仰，在他们身上，我找到了自己的内心所需，也许是勇气，也许是坚持，也许是叛逆，也许是一份孤独和纯情。我和自己的心面对面聊过，我的理想、我的浪漫、我的幻想都有人可以寄托，在这样的一种生活方式里，我能够持之以恒地坚持着走下去，无论前方是风雨交加还是荆棘遍布。

此后，我将毅然往前路大步走去，风厉啸着从耳旁从踝间急掠而过，我头也不回地迈步，头顶上的星光虽然微弱但却一直闪烁。对于那些虚伪，保持一份孤独和勇气，发誓与他们周旋到底。

我并不希望你，在二十多岁的时候还有着单纯稚嫩不谙世事又廉价的满腔热血，只是希望你在洞察了世间艰苦丑恶之后依然坚持理想主义，被人伤害遭人欺辱之后依然愿意善良热情地对待他人。

在看清世界本质
之后，依然对世界动之以情

高中的时候，我有一个很好的朋友。他固执地迷恋着"少年"和"少女"这两个词，书桌上用透明胶带贴着从杂志内刊上剪下来的艺术字"少年"。在他的日记里，少年代表着无畏，代表着不妥协。我曾经问他缘由，他认真地说，在我们中，不是所有的人都是少年。

当时的我隐隐有些明白，但又有些不解。那时我理解的少年，只不过是某个穿着白衬衣蓝色牛仔裤的瘦高男生，或是篮球场上张扬着奋力投篮的男孩子。

后来他选择了一种最决绝的方式离开了这个世界。他所理解的少年的含义，我再也无从知晓。很多年后，当我逐渐认识了越来越多的人之后，才越发觉得"少年"这个词，真是珍贵啊，因为少年般的心境和情怀早已漂浮在人们够不着的虚空里。

人一长大，少年气儿就少了没了。开始懂得权衡利弊，开始学会趋利避害，开始盘算着如何左右逢源，开始妥协，于是溜须拍马声色欲望接踵而来。我知道这在成年世界里不可避免，我也能够理解每个人都最终会变成千篇一律的大人，结婚生子，然后日复一日。在他们看来，"少年"只不过代表了一群不知天高地厚不懂现实残酷硬要撞破南墙的家伙们。可是他们忘了他们也曾经是个少年。

我也担心，有一天我也被世界打磨掉少年气。面对曾经的理想，"嗯，大家都不看好，算了吧，和大家一样过普通的生活也没什么不好。"或者，面对曾经信誓旦旦说要去的地方，"好远啊，去一趟好麻烦好折腾啊，以后再说吧。"抑或是，面对发胖的身体，"运动好累啊，再说了大家到这个年龄都会变胖的嘛。"有一天，再也发现不了平凡世界里的可喜和美好之事，整天只围于人情世故的礼尚往来和油盐酱醋茶的鸡毛蒜皮里。

我不想成为这样的成年人，我希望多经历世事，但我更希望能保有一颗少年之心。是少年般的心啊。明亮，希望，从容，清澈。干净明朗的少年气息，不管自己多少岁，都好像能一下子把少女开关打开一样，或许已经参悟了某些人生真理，也被现实呼过巴掌，但仍保留着勇者之心。

想起来一句诗，"已识乾坤大，犹怜草木青"，即见识过纷繁复杂的世界，心中仍有一泓清泉。长大后明白面对浩瀚的宇宙和生命的无常，面对永恒的规律，人无力改变什么，但是也不气馁，也不妄自菲薄，也不像佛家那样一眼看穿一辈子后了却尘念淡漠面对，依然对生活、生命充满热望；看清了世界的本质，但依然会对尘世动情、依然愿意在这荆棘之路上认真走下去。

我并不希望你，在二十多岁的时候还有着单纯稚嫩不谙世事又廉价的满腔热血，只是希望你在洞察了世间艰苦丑恶之后依然坚持理想主义，被人伤害遭人欺辱之后依然愿意善良热情地对待他人。

曾经扬言要屠龙的少年终究会长大，终究会明白这世界上没有中了魔法的公主，只有对面想着你有没有房子的丈母娘；终究要承担起成年人的责任，在朝九晚五中赚取安身立命之本；终究要面对花花绿绿的世界，在声色犬马中坚守原则。也许会变成一个家庭主妇，也许会变成有着啤酒肚的大叔，也许会为了生活蹙起眉头。

生活的磨难谁都会经历，纯净自然的心灵也有许多人向往着。但是并非谁都注意到路两旁的树叶何时变了颜色，乡下的屋瓦顶上满是好看的瓦苔，购物店里的导购小姐有一对可爱的虎牙，天天"关心"着自己终身大事的姑姨眼睛里总是闪亮有光的，周围看似平庸的同学同事也各自有各自的可爱之处。生活中的一切平凡，皆有青葱可爱之处。

时间也许会改变很多，但只要带着这颗"犹怜草木青"的少年之心飞驰在路上，那么岁月对我们每个人来说，都是极其可爱的。

不是所有的鱼
都生活在
同一片海里

—————●—————

第六辑

所有的遇见都无法预见，

所有的离别都没有结尾，

所有的人生都无法规划，

因为你不知道，

下一秒或者下一分钟，

这个世界会发生什么。

有时候，哪怕一个转身，一个眼神，一句再见，一次分别，一次遇见，此后的人生就有可能不同了，所有的遇见都无法预见，所有的离别都没有结尾，所有的人生都无法规划，因为你不知道，下一秒或者下一分钟，这个世界会发生什么。

河东河西不必三十年

梦醒来我一切都没有。

——《布拉格的广场》

很久之前，大概是六年级时，周杰伦和蔡依林的"双J恋"如火如荼，所有的人都看好这对金童玉女，当时学校的小卖部里，关于他们两个的各种贴纸和海报满满都是，我也依然记得我的笔记本的边边角角处全是他们两个的身影，恋情甜蜜得几乎要融化全世界。

几年之后的一天，当我现在再听这首《布拉格的广场》时，只不过是区区几年的时间，曾经的两人早已是陌路，蔡依林和锦荣分手，周杰伦和昆凌有了小公主。一个河东一个河西，此生留下的只有那两首歌词相对含义晦涩隐秘的《倒带》和《彩虹》吧，还有曾经那些见证过两人爱情的娱乐报纸。

三十年河东，三十年河西。古语上这么说，可是呢，有时候，哪怕一个转身，一个眼神，一句再见，一次分别，一次遇见，此后的人生就有可能不同了，所有的遇见都无法预见，所有的离别都没有结尾，所有的人生都无法规划，因为你不知道，下一秒或者下一分钟，这个世界会发生什么。

我记得曾经在书店，我看过一本非常厚但非常诡异的书，因为价钱太贵而那时的我因为囊中羞涩根本买不起，于是只能连着几天跑去图书馆蹭着看完。那是一本关于人生选择的书，打开书，你可以根据自己的兴趣选择一个人物，作为你在这本书中人生之路的开始，一页一页地翻，书中开始出现各种选择题，而你也开始了书中的人生之路。比如，你选择了书中所说的一所有名的高中就读，放弃了另一个选择，但继续读下去，这个决定却让我大吃一惊：选择了名校但却错过此生最爱你的人，选择另一所学校你的人生又会是另一种模样。有时做完一个决定后看到结果不好，于是重新再做个选择重新来过，但重新做决定之后的结果依然存有遗憾。在这本书里，一个小小决定的不同，就会影响到最后你去世的方式。

据作者说，书里大概模拟了五百多种人生。而我做完，完全是一身冷汗，书中的人生可以重来，可以提前看到结果，在现实中，我们完全是犹如一个瞎子般摸摸索索地走自己的路，永远不知道下一秒会发生什么。而有时候恍惚之间的一个想法或者刹那之间的念头，也许人生就此不同。

我曾经有一个小学同学，人蛮好，只是长了一对大门牙，说起话也不是很利索，家境不是很好，那个时候同学都很不懂事，经常取笑他，给他起各种外号，就是和他在一起玩也是充满恶意。小孩子大概有时候是最恶毒的生物，认为揭开同龄人的痛苦是最快乐的事，以此宣扬自己的成长。他总是露着两个大门牙呵呵地笑。喊他"大牙"他也愉快地应着，以至于现在我能想起他的脸但就是想不起他的名字。

我曾经认为他会一直那样下去，懦弱或者贫穷地继续活下去。直到那天我的另一个同学告诉我这个长着大牙的同学要结婚了，让我看照片，照片上的男生咧着嘴笑得一脸灿烂，旁边挽着他的姑娘长得周正又漂亮，一脸幸福地依偎着他。

这个曾经一看到我就笑的男生，通过自己的努力开始过上了好的生活，我今天终于写到了他。从小学时的落魄被欺负到现在的意气风发，不到八年。日子却是河东河西了。

还有什么比人与人之间的关系更脆弱，又有什么比人与人之间的羁绊更坚固呢。

小学六年级，我的同桌是个非常可爱非常萌的小男生，我很喜欢他，下课后就跟着他玩。升了初中，连着两年依然还是在一个班，只是他变成了我的后桌，那个时候觉得友谊深厚，觉得一辈子都会这样好。

不过，现在早已不再联系，而他越来越横向发展，以至于现在我一看到他在朋友圈发的照片我都会怀疑自己的审美，我当初为什么会喜欢这样一个男生呢？不得不承认，时间确实是一把杀猪刀，只是时间这么短，从六年级到现在不足十年。

几年的片段在漫长的人生中简直犹如海滩上的一粒沙。

曾经一个关系很好的女同学，曾经一起去拍合照一起去看黄河一起走过了幼稚的时光，本来以为这样的美好会一辈子发光，但两年前却因为一些事情彼此变成了陌生人。我也做过诸多努力想要挽救，却徒劳无功。我开始沉默，学会不再复习之前如同耳光一般辣的快乐。

三十年河东三十年河西，假话。

人生是如此的寂寞又是如此的无常，遽遽然，犹如庄周梦蝶般的一个梦境，有时候，我们很难分清现实和梦境的边界，就像庄周分不清到底是蝴蝶化成他在丛中起舞还是他变成蝴蝶去逍遥了呢？也许等到老去的那一天，梦醒，我们才会明白，人生终究是一场梦吧。

梦醒来之后我一切都没有。

芳草无尽/曾经相看两不腻/如今花无语/飞过秋千去。

苏打绿在歌中缓缓地唱着。

我孤独的声音，飘零一地。

低头想找你，却只剩倒影。

我试着骗自己，有散也有聚。只是想起了，再无人聆听。

不如归去，回到现在的生活里。

等待和怀念，这便是重逢的意义。若经年以后再次重逢，沉默也好，眼泪也罢，我们都应该明白并珍惜，这重逢，拨开了层层人海，经历了世事浮沉，来之不易。

相遇不难，难的是重逢

有时候浏览朋友圈的时候，突然看见一个人的名字，有些熟悉又有些陌生，你才会想起来，原来很久没有见面了，甚至都没有好好聊过天。于是，你迟疑着，点下一个赞。

后知后觉，偶尔躺在床上发呆或者一个人走路脑子里漫不经心地想事情的时候，又会发现，你已经很久没有看见过某个人的动态了，于是拿出手机看他的朋友圈想了解一下最近的生活，却发现他的朋友圈呈现给你的，只有一条冰冷的灰色横线。

罢了，也许被清理了，也许被当作不重要的人删除了，你闷闷地想。

到底是多久没有见了，才会变得形同陌路，才会使以前的情谊变得凉薄甚至无所谓。

前一段时间，和一个朋友语音聊天。说些有的没的，末了，她问了句："我们到底多久没有见过了？我想了想，大概是两三年了吧"。她在另一头嗷嗷叫："我的天，都这么久没有见过了！"我安慰她说："你好好复习，以后肯定会见面的。你看，不见面我们也一样啊"。

话是这么说，其实我真的很想看看你最近改变，看看你的笑容和长头发呀。

两个人相见看起来有很多机会或者时间，但是总是因为一些机会或者缘分不够，怎么也见不了面。

寒假开学的时候，我坐在火车上看窗外一闪而过千篇一律的风景。手机响起来，是朋友K。他在电话里说，我在火车站，你在哪呢。我惊愕，说，我已经在火车上了。

很久没有见过了，两个人都遗憾。谁知道以后到底会什么时候再重逢呢。

以前觉得，人生最美好的事情是相遇；现在才明白，原来最难得的事情是重逢。

其实有很多人，你记得他们的名字，也模糊地记得他们的面容，但确实再也不会重逢了。

一直觉得，每个人都是一座孤岛，或远或近，或高或低，孤独且独立地存在着，分布着。只有一些事情发生，如同海水涨潮，潮水把这些孤立的岛屿覆盖连接起来，人与人之间才会有重逢的可能，比如同学聚会。

古诗云，衣不如新，人不如故。最美好的事情是遇见，我们也希望再次遇见的时候一如初见。但事实上，不论对方在未相见的日子里是变好还是变坏，他都再也不是初遇时的样子了。惊艳、倾心、温暖、似是故人来的感觉，只存留在相遇的片刻。从某种程度上来说，只要我们相遇过，那么此生便再也无法重逢。这是一件很让人难过的事情。

歌手薛之谦在一个节目上说过大致这么一段话："年轻的时候，失去一个人，要用两三年的时间才能缓过来。现在老了，想再去遇见一个人，已经没有那个心情了。"

人一旦成熟起来，就不会再把身边人的去留看得那么重要了。不是说不在乎，而是人一长大，烦心事多，麻烦事也多，经历的事情也多，心量大了，容纳的事情也多了，离合这样的悲喜，已经不值得一提了。

只是很怀念，以前相遇的时候，也曾似是故人来，也曾彼此扶持鼓励过。曾静静地分享，也曾难得地坦白，感觉幸福不孤单。

陈奕迅在歌里唱："陪你把沿路感想活出了答案，陪你把独自孤单变成了勇敢……陪伴是最长情的告白，陪你把想念的酸拥抱成温暖，陪你把彷徨写出情节来……"

这是相遇的意义。

君问归期未有期，巴山夜雨涨秋池。

等待和怀念，这便是重逢的意义。若经年以后再次重逢，沉默也好，眼泪也罢，我们都应该明白并珍惜，这重逢，拨开了层层人海，经历了世事浮沉，来之不易。

一个人最好的样子，就是在不失自我个性棱角的同时，再平和一些。

一个人最好的样子

[1]

你有没有想过一个人最好的样子应该是什么样的？

以前我看过一句话，叫作"一个人活得要像一支队伍"。一支队伍里有负责吹冲锋号鼓舞队伍上前杀敌的，有负责掩护后退行迹的，有负责伤兵救治的，还有负责在第一时间冲上战场吃子弹的。

一个人可以吗？我曾经把这句话奉为圭臬，毫不怀疑。总觉得，一个人啊，最好的样子，就是要活得张牙舞爪热热烈烈得像一支无敌的队伍，凭着一股热情和理想主义，为了一种理想的生活，横冲直撞，直到撞倒南墙。

后来，我发现，一个人到底是不能活成一支队伍的。无论怀着多大的热情，不知什么时候就会有一盆凉水把你浇个透彻；做错了事情永远不会有人给你买单，不会有人替你收拾糟糕的后场；生病的时候，你的身体里也没有自动修复功能，躺那儿睡上个昏天黑地也不会升级成2.0新版本。

谁都有个手忙脚乱不知所措的时候，能把自己照顾得很好的人就已经很了不起了。

我想，于平凡生活中，在那么多磕磕绊绊和很多为难中，对待事情对待他人，平和一些就很好了。

[2]

　　我晚上有不吃晚饭的习惯，所以在下午五六点的时候，很少经过街道。昨天下午五六点的时候，我去水果店买水果，那个时候的人很少，整条街道都很安静，停放在路两边的自行车虽然摆放凌乱倒也有一种美感，告示牌上贴的广告耷拉下来一角，在空气中微微地晃荡着。餐厅里传来浓郁的各种饭菜混合的香味，零零散散有几个人稀拉走过。西方的天空上，太阳只剩下了半块儿，在被楼房遮住的远方，好像有个小孩儿在一点一点地啃食太阳，整片天空都被染上明亮的橘红色。

　　心情很好，突然就觉得，在最不喜欢的地方，在最平凡的生活里，依然能够发现一些小确幸，就很好了。平和大概就是这么产生的。

　　什么叫作平和？就是你能够客观地看待自己，理智地分析问题，平静地面对背叛、离别、亲密和疏远，不因为一些激烈的言论而迷失自己，也不因为某些私利而偏向自己，不因为生活中的苟且而沮丧，也不因为诗和远方而清高。

　　我想起来昨天看的一篇文章，大致意思是文章的作者担心毒舌咪蒙心理会有些病，她以各种犀利的言论和视角成为朋友圈的爆款，但在写作的过程中处于一种极端和争辩的心理活动中，难免有些受影响的。比如张纯如，写《南京大屠杀》的女作家，在搜集资料写作的过程中，因为不堪忍受日军所犯下的暴行，脱发、失眠、抑郁，最后饮弹自尽。

　　我并不希望生活中的每一个人都像咪蒙那样，犀利毒舌一针见血。做人，还是要平和一些，对自己，对他人。当你在朋友圈转那篇《致贱人》的时候，你觉得作者说得真好，总有那么些人要你帮忙，可是平静下来一想，左右逢源还不得靠人情啊。朋友圈投个票什么的，不过举手之劳，要是不帮，也不伤大雅。

[3]

　　诚实、勇敢、热情，我们都要有。长大之后，那些冲动和不理智，是最应该被时间冲刷得荡然无存的。

《边城》上有一句话，"不许哭，做一个大人，不管有什么事都不许哭。要硬扎一点，结实一点，方配活到这块土地上！"

对于所有的事情，学会平和一点，其实，那些压力也并不能拿我们怎么样。

在古希腊神话中，有一个关于西西弗的神话传说，西西弗是一个靠掠夺为生的人，烧杀抢掠，做了很多坏事。而且，最重要的是他得罪了希腊神话中的众神主宰宙斯和冥王哈得斯，是终被战神阿瑞斯捉拿归案。众神对他的惩罚是：罚他把一块巨石推到山顶，当巨石块推到山顶时，石头的重量迫使他后退，巨石滚回原来的地方，于是，他又向山下走去。西西弗斯这种重复而枯燥乏味的工作，永无终止。诸神认为再也没比进行这种无效无望的劳动更为严厉的惩罚了。

西西弗认为无止境地推石是宙斯对自己的惩罚，身不由己，日夜推石，无休无止。在漫长的推石运动中，他的思想和身体都得到锻炼。他像火中的凤凰，浴血重生，已没有了痛苦和抑郁，而且精神抖擞，西西弗在推石的过程中，发现了征服巨石的快感，他沉醉在这种幸福当中，以至于再也感觉不到苦难了。当巨石不再成为他心中的苦难之时，诸神便不再让巨石从山顶滚落下来。

生活里的事情啊，它们都预备好了，它们是山上的石头，我们是西西弗。我们只能是西西弗，不过这又怎么了？平静地去面对它，既然石头可以滚下来，那就说明我们可以重复着把它推上去。

我明天还来，我后天还来，怎么了？神话就是这么产生的。

[4]

一个人最好的样子，就是在不失自我个性棱角的同时，再平和一些。

希望你，有人珍藏，有枝可栖，有人与你立黄昏，有人问你粥可温。若等不到花好月圆，也能好聚好散。再回首，前尘隔海，故人依旧，没有什么难言的怨恨和哀愁。

我真情愿你是渣的那个人

在鸡汤界混久了，难免也能修炼出几分段位，听别人诉苦水的时候我也能以旁观者的态度给予一两个清晰明了的建议。其实，大多数人的烦恼只要去跑个步释放一下压力，或者大吃一顿满足一下自己的胃，抑或是手机关机后睡个冗长深沉不分昼夜的觉，烦恼就敌不过生活，自行撤去。

不久之后又收到他们在后台撒欢儿发消息，我一边回复一边感叹，一群容易自寻烦恼又极易满足的可爱人儿啊。

在收到的消息中，我最不愿意看到的是有关感情的问题。两个人在一起腻腻歪歪，哪有空去搭理一个公众号呢。只有暗自为伊人憔悴的人，猜不透喜欢的人的心思，又怕别人看出来心事，思来想去，也只能对着运营公众号的陌生人讲了，彼此都陌生，一无所知，反而多出一份莫名的安全感来。

可是，看着某女为了一个人胡乱猜测却又为他找百般借口的样子；又或者某男像是自言自语地询问：我挽留了很久，为什么她还是要离开；被男朋友劈腿的某女哭着给我发了一段语音；在餐厅等不来男朋友遭遇冷暴力被分手的女孩子发消息询问我该不该继续等下去；每次看到这样的消息，我都觉得很难过。

大概是因为也被不温柔地对待过吧，对方无缘无故的冷暴力，顺理成章地被分手，将近一年的时间，我才从这件事的阴影里逐渐缓过来。我知道经历这样的事情有多难受，心里有多闷，就那种你能生生感觉到心脏一抽一抽的疼，浑身发冷，对任何事情毫无兴趣。

所以看到他们难过的样子，我也很难过，我安慰着他们，什么样的话看起来都苍白无力。我心里想，我真情愿你是渣的那个，我宁愿痛痛快快地骂你一顿，也不想这样看着你被混蛋被人渣伤成这个样子。

心伤了，要花很大的力气补回来，就算一地的碎片粘好了，再也不是原来的心了。就像一个被打碎的水晶球，修复好了之后，依然能看见上面的裂纹，就此小心翼翼，再也不能捧在手心了。而被伤过心的人，很难再去认真地如从前一样喜欢一个人了。

这才是最大的伤害，生命里一种爱人的能力被抽走了一部分，渴望缠绵的怀抱，却再也不敢投身；期盼天长地久，却再也不敢怦然心动。

我真的情愿你是渣的那个啊！不必让某人占据着心扉而彻夜难眠，因为痛苦而辗转反侧难以入睡，而可以没心没肺地照样喝酒吃肉，逛街花钱。

小说里可以空行换段一下子就十几年过去了，但是这现实中的痛苦，却需要你一年年一月月，一分一秒地熬下去。可能在哪个路口听到了哪首歌，就能想起以前那个人的名字，痛楚又从心底里传来，往事扑面而来，这样的挣扎要到何时？

可是有的时候，骂也骂不了，打也打不过，心里憋屈，自己理亏可旁人还觉得怪自己。我真的情愿你是渣的那个，不用憋出一身病来，不用大度着祝福——凭什么要祝福那个让你挣扎在水深火热里而他自己却奔赴花好月圆的人？

我有时候看着那些难过的人，劝不住了，"你这样我真的没办法，要不你去刮花他的车，要么下圈套我给你出主意，你这样自我为难，我也无能为力，想开点，早点去睡，会遇见更好的人的。"

可什么时候会遇见更好的人？我自己都不信。曾经为了两个人的努力都变成了无用功，真是难过，真的情愿你是渣的那个，让我痛痛快快地骂一顿，给人家好好说分手好好结束然后天各一方花开两朵。

爱恨让我们笑我们疼，活得真是自在才最重要。

希望你，有人珍藏，有枝可栖，有人与你立黄昏，有人问你粥可温。若等不到花好月圆，也能好聚好散。再回首，前尘隔海，故人依旧，没有什么难言的怨恨和哀愁。

在这个世界上我不怕遇到坏人，我说真的，因为还有很多好人，可我怕遇到傻叉，就不得不降低维度改换空间才能与其交流下去。而当演员往往是很累的。

自古英雄出少年，如今朋友圈里出智障

作为社交软件，微信似乎更独得人们恩宠，也是平常使用率最高的手机软件。朋友圈作为一个记录生活和发表议论以及传播观点的网络私密空间，一个人的朋友圈往往能反映出他是一个什么样的人。

每逢母亲节或父亲节，朋友圈里就成了孝子高出没区域；国际或国内有什么大事发生，某些人又祈祷又点蜡烛还大义凛然；最近南海仲裁案一出，朋友圈里突然成了爱国者爆发聚集地，一个个斗志昂扬地要扫平菲律宾，打下美帝国，从此称霸世界，弄得我这个希望世界和平的人把主张和平的状态都偷偷地删了。

先不说前几天的某明星约炮事件，证据视频都啪啪啪打脸了，脑残粉还梗着脖儿在朋友圈里说我们家××不是那样的人，一定是有人陷害他，我相信他！我永远支持他！你们根本不知道他有多努力！

天天沉迷于男色，智障。

还有天天在朋友圈里直播感情状况的，整天的"他爱不爱我他不爱我怎么办"，还有各种负能量的，别说点赞了，看见这种类似的状态就烦，于是我索性直接屏蔽。

另外，还有一些人发一些乱七八糟的消息试探自己有没有被删的，美其名曰"清理垃圾"。像这种把朋友看成垃圾的人，被删也活该。

7·12那天，我还不清楚南海仲裁案的结果，打开朋友圈就被一个又一个嚷着要开战的消息整懵逼了。什么海南高速封路，导弹已经运到海南，开战在即，退伍兵有召必回，虽远必诛。

热血，真热血，朋友圈里充斥着铺天盖地的爱国情怀和战争热情。我转发了一篇主张和平的文章，有人跑到文章下面骂我：和平？中国怕谁啊？打死菲律宾！你这是奴性！奴性四射！还有一些更不堪的言论就不提了。

我什么也没说直接拉黑了这个人，默默地感叹一句，自古英雄出少年，如今朋友圈里出智障啊。

一个人极容易被群体气氛煽动，丧失自己的理性，对某种极端的观点或态度无比的狂热，这样的人是很可怕的，你完全想不到他会在冲动下做出什么样的事来。

最热血的永远都是网友，"犯我中华者，虽远必诛！"口号很好很响亮，可你拿什么诛？就算真的开战上战场赴死流血流汗的也是那些士兵，而不是你。

古有班超投笔从戎，现在让你抛下手机、WiFi、空调、女朋友从戎试试？真想报答祖国维护我们的领土，就好好读书学好本领，干好本职工作。别拿那些蹩脚的政治水平和外交知识基础来制造些危言耸听的谣言，什么关闭苹果手机以防美国卫星监控，有那些跟风的时间不如多关注官方新闻。

狂热的战争热情，让我想到当初一战时期，英国人非常乐观地看待战争，上战场的士兵们喜气洋洋，以为战争很快就会结束，结果呢，英国虽然是胜利的一方，但损失惨重。假设中菲开战，就不仅仅是中菲之间的事情了，后果不堪设想。

祖国确实是越来越强大了，作为中国人有一种自豪感也无可厚非，说几个段子调侃一下对方也无伤大雅。毕竟菲律宾一小国不过是狐假虎威，而中国作为世界大国，根本就不怒自威。领土主权面前绝不让步，我相信这点国家领导人和外交部比各位都清楚。

那些嚷嚷着要开战的人，我很难理解这是出于一种什么样的心理。当爱国热情转变为民族主义，就已经不是爱国了。一个经济发展上去而国民素质落后的国家，如同一个踽踽独行的跛子，是走不远的。

正如我们当初嘲笑英国脱欧后英国民众去搜索"欧盟"，也许我们这样狂妄自大的爱国情怀也会被别国人民所耻笑。

因为中日关系就抵制日货，但没见哪个人说抵制日本成人电影的；反感美国，但也没见哪个人把自己的iphone、ipad、iPod给砸了的。反倒是那些在对日本车日本商店打砸抢烧的智障，终于在新闻版面上博得了一些存在感。我们深知自己的弱点，却从不承认，我们知晓别人的长处，却又耻于学习。中国人的劣根性啊，几十年前，鲁迅先生就已经说过。以前是"师夷长技以制夷"，如今连长技都懒得学了。

朋友圈充斥着越来越多的煽动、怂恿，传播的文化类型不是利用人性的弱点就是刺激人性的阴暗面，也涌现出越来越多的容易受煽动的智障。我承认我也有不成熟的时候也是个智障，我在自己不懂的事情面前也是个傻叉，但是我不会强硬地要求别人也同意我的观点，我会学着理解别人的观点，然后坚守着自己的信念，这就够了。

引用看过的一段话：在这个世界上我不怕遇到坏人，我说真的，因为还有很多好人，可我怕遇到傻叉，就不得不降低维度改换空间才能与其交流下去。而当演员往往是很累的。

愿大家少遇智障多吃饭，要是遇见了，三十六计，走为上计。

如果有一天，当类似的事件发生，我们都不再愤怒，我们任其发生，因为与自己无关，那巨大的沉默，将是为我们集体鸣响的丧钟。

最后他们奔我而来，
却再也没有人站起来为我说话了

我记得那是一个周六的上午，学校安排学生观看学校领导的讲话视频。高中学习繁忙，一个人当成两个人使，能看会视频就已经是很奢侈的事情，所以每个人都抬着头盯着教室左上角的电视，本来就不是很清晰的视频还偶尔出现一些雪花。

我们的校领导操着浓重的方言，讲最近县城里的事情以及学校里的一些事情，当说到安全问题的时候，领导说："最近大家出行注意安全，尤其是女生，有个小女孩被人贩子拐走了，最后在公安民警的努力下，成功的解救出了那名妇女"。

他说的话大致是这样，但当同学听到解救妇女的时候，出现一阵莫名其妙的哄笑声，哄笑声中夹杂着一些碎语："嘻嘻，拐卖之前是小女孩，解救出来就是妇女了，用词真精准啊……"

那时我不太明白，现在却觉出了一些略带侮辱的意味。当我想起来还有一些女生也跟着捂嘴偷笑的时候，我就觉得甚是悲凉。她们觉得这件事与自己毫无关系，忘了自己和那个被拐卖的人一样，都是女孩子。

我想起了之前被讨论的如火如荼的"包贝尔婚礼上闹伴娘事件"，视频中柳岩被伴郎抬起来，柳岩紧紧拽着抹胸长裙，裙子已经被弄到了膝盖上面。在被贾玲解困后，她紧紧地搂着贾玲。每个人都知道那种纱质长裙一旦遇水，其作用就如透明塑料一样，而且柳岩又身穿抹胸式，不小心就极易走光。后来我看到柳岩道歉视频的时候，我很生气，我确实很生气。

一个满怀着喜悦去婚礼上送祝福的人，什么都没有做错，反而要为一群禽兽所做的事情道歉？就像被强奸了因为挣扎没让对方尽兴，要向强奸犯道歉；就像被抢劫了因为没有带够让对方开心的钱，要向劫匪道歉。

一些公号大V说，你不应该生气，因为柳岩都没有生气，你更没资格生气，你不应该被群众情绪绑架。

可是，我觉得，不管柳岩该不该生气，我都应该生气。中国的婚礼自古以来就讲究喜庆和热闹，但有些人把热闹当成可以胡作非为，可以占便宜可以不负责任。

我之前也看过一些新闻报道，伴娘被撕扯掉衣服甚至遭到性骚扰；新郎被扒光衣服绑到树上等诸如此类的不堪报道。这哪里是地方习俗，分明就是一些人利用别人婚礼的热闹来满足自己猥琐的欲望。然而，最可怕的是，你还说不得打不得骂不得，不然要落了个"开不起玩笑"的名声。

所以我很生气，哪怕柳岩没有生气。我是个女孩子，我以后也会有自己的婚礼，我的朋友，我的闺蜜都会有自己的婚礼，也会参加别人的婚礼。如果大家对于这种闹婚礼的陋习容忍并且默认，那么当我遇到同样的事情的时候，谁来替我发声？我是不是要向那些闹婚礼的人道歉：对不起各位，没有让你们尽兴，是我的错。

有些人说，为什么偏偏扔柳岩就不扔别人？还不是因为柳岩胸大性感故意撩人。胸大有错吗？穿衣服性感也有错吗？比如有人评论强奸事件的时候，说要不是被害人穿那么少，你能摊上这事儿吗。说这些话的直男癌真应该在这个春天的第一声雷下被劈死。女生穿着暴露不代表欢迎被骚扰，独行夜路不代表浪荡，向你说"不"不代表欲拒还迎，跑得不快力气不大不是女生的错。

以至于让我想起近日的头条新闻，和颐酒店女生遇袭事件。中午的时候我看了录像视频，后背一阵发凉。视频中女孩子被黑衣男子拖着向黑暗的楼梯口处，拽头发掐脖子，女孩子一直反抗，偶尔有几个围观的路人，最后默默离开。视频里女孩子一直在哭，对于酒店来说可能是一个意外，对她来说可能是她被摧毁的一生。

大多数人义愤填膺，但依然有人说："穿粉色大衣难怪被人误会是鸡……""酒店你选的，你不会挑个高档酒店啊！你肯定是个特别讨厌的三八，有可能是在电梯内跟别人有口角，别人才要找你……"

姑娘住的是正规酒店，穿得也不暴露，所处位置也不是人烟稀少，对周围人寻求了帮助，依然没有人管。有的人说，如果这是夫妻吵架怎么管啊。所以，结婚证等于准打证？

英国女星艾玛·沃特森说，只要你承认男女平等，你就是女权主义者。大多数人在看待女权运动的时候都只注意一个"权"字，但是，我们想要的不过是一个最基本的能够安全的生活环境罢了。

又不是天灾人祸，如何防范？还有教防身方法的大V，以为女生个个都是叶问转世吗？每一次事件发生，都要求女孩子学会自救，当现实社会处处是危险的时候，一个弱女子的自救能有多大作用？你告诉我，当柳岩身着纱裙被抬起来的时候，如何自救？当女孩子被团体作案的人架着，又如何去攻击对方？若以后不练点儿武术防身，女孩子是不是晚上就不能出门了？

这个世界从未教会男人如何管教自己肿胀的荷尔蒙，却责怪女性没有掌握自我保护的技能。

我能不生气吗？我作为一个女孩子，我想善意地奔向这个世界。可我不能，因为我是女生。世界似乎处处充满了恶意。在我穿着短裙搭坐的公交车上，在我一个人行走的小路上，在我一个人居住的酒店里，在我一个人下车的火车旁，甚至在我参加朋友的婚礼上。我很生气，我对于这样的事情每次都很生气。尤其是看到视频中那些漠视的路人，若人人如此，国将不国，民将不民。

英国诗人约翰·多恩《丧钟为谁而鸣》中说，没有人是一座孤岛，可以自全。

每个人都是大陆的一片，整体的一部分，如果海水冲掉一块，欧洲就减小。

如同一个海岬失掉一角，如同你的朋友或者你自己的领地失掉一块。

任何人的死亡都是我的损失，因为我是人类的一员。

因此，不要问丧钟为谁而鸣它就为你而鸣。

无论当事人生不生气，作为一个有良知的人，你都应该生气。如果有一天，当类似的事件发生，我们都不再愤怒，我们任其发生，因为与自己无关，那巨大的沉默，将是为我们集体鸣响的丧钟。

意大利的小男孩年幼的时候就被教导：不能打女孩子，即使用鲜花也不可以。至少在今天，在所有人都深感愤怒的时候，应该教育家里的男孩子：永远不要伤害女性，要永远保护女性。

我有个朋友说，他的理想是用语言的力量来实现文明。他不懂，在中国社会里，当女性的尊严和权利被重视的那天，当女性的性感和风骚不再联系在一起，才是文明真正的开始。

我如果不发声，事情过去之后，谁还记得？

波士顿犹太人屠杀纪念碑上铭刻着德国新教教士马丁·尼莫拉的短诗：

在德国，
起初他们追杀共产主义者，我没有说话，因为我不是共产主义者；
接着他们追杀犹太人，我没有说话，因为我不是犹太人；
后来他们追杀工会成员，我没有说话，因为我不是工会成员；
此后，他们追杀天主教徒，我没有说话，因为我是新教教徒；
最后他们奔向我而来，却再也没有人站起来为我说话了！

千帆过尽，繁华看透，世态炎凉，你只要坚定，不负他人不负自己，我澄澈就好。

你澄澈着，周围的世界也澄澈着。

你自澄澈天自蓝

[1]

有次，老师在课上问我们有没有看柴静拍的纪录片《穹顶之下》。我摇摇头。那段时间朋友圈已经被这部纪录片刷屏，所有人异口同声地说："太震撼了，真伟大"，诸如此类的最高褒奖。过了几天，朋友圈里开始出现一些类似于"柴静下的是一盘什么棋"或者"柴静纪录片背后的真相"以及"解读柴静式煽情"等带着功利目的的猜疑和攻击的评论性文章。

甚至有的标题直接把柴静的纪录片定义为一场营销，即"如何打造一场《穹顶之下》的成功营销。"

我并没有看过纪录片，对于其内容不作任何评价。但是我觉得柴静的纪录片，让大家看了之后引发了对环境污染爆炸式的思考和关注，当环境污染被再一次重新审视，这是其中很重要的意义。

我不知道柴静本人看到网上的一些攻击言论会怎么想。

我看到人民网专访，柴静说："人去做什么，是因为心底有爱惜。职业训练和母亲本能都让我觉得应该回答这些问题：雾霾是什么？从哪儿来？该怎么办？人都是从无知到有知，但既然认识到了，又是一个传媒人，就有责任向大家说清楚。不耸动，也不回避，就是尽量说明白。"

她是一个有修养有良知的女性。柴静一说雾霾，我们就看到很多资本家急忙跳出来大放厥词，对柴静进行人身攻击，怕柴静发出的不协调声音干扰他们瓜分和掠夺公共资源的步伐。

看柴静的微博，记得她有一次用了"云垂海立"这个词，感觉她的胸襟何其壮阔，有胸襟的人自然有其壮举。

不管别人如何评说，柴静澄澈着，其他的都化成虚无了。

[2]

从幼时到现在，一直被告诫，做人不要那么实在。以至于我考上大学，在大学开学第一天的新生典礼上听到校长说："商战中，做人不要那么实在"的时候不由得一怔。

小时候去妈妈的单位玩，妈妈的同事在地上用粉笔画了一个圈，让我站在里面告诉我："等你妈妈来了才能从圈圈里出来哦，不然你妈妈就不要你了。"

我惶惑地点点头，老老实实地站在粉笔圈里。站了快一个小时，远远看见我妈走过来号啕大哭却一步也不敢挪动。

后来我妈知道了怎么回事以后，恨铁不成钢的指着我的鼻子说："你个傻孩子哟。"

[3]

我也不知道"实在"的到底有哪些意思，也许是"你太傻你太天真"的隐喻。现在的人总喜欢用"你太天真了"了去否定别人。

我经历过别人用趾高气扬的语气来这样评价我，带有一种"想当年我……孩子你还太嫩了……"的居高临下。

是啊，他逐渐被世界改变成他自己不喜欢的样子，被社会磨圆，被世界抛弃。当他遇见一个真正的天真者，他好像看见以前的自己，相信所有的梦想，血管里热血依然沸腾。他不喜欢现在的自己，他害怕你这样的天真者梦想成真，这样，他难以面对不敢把梦做下去的自己。所以，他要否定你。

我也遇到过眼神里半带欣赏半是怜惜的人对我说这句话。我觉得他们说这句话的时候是真诚的。

从他们的角度，他们是对的。尤其是一些阅历更丰富的人，他们知道我尚未经历的还很多，半带怜惜是因为他们知道变得成熟要忍受多少煎熬和痛苦。

每次听到这样的评价的时候我都会用心想，其实有时候这未必是一种否定。

因为我还很年轻。

第二或是我没有按世俗游戏规则玩。

但我会反思。

我希望我能分清什么是正确的天真，能对自己有正确的认识，对事情有正确的判断，知道自己喜欢的是什么并坚持为之努力。

天真和幼稚一步之遥。正确的天真使人对生活对未来对自己都充满了希望，勇气和快乐。不正确的天真被称为幼稚。愚昧的认不清自己将是生活悲剧的开始。

[4]

在岁月中，一事一物都可以让人成长。我们要变得越来越喜欢自己，慢慢让自己强大起来。

希望老去之后可以这样对年轻人说："喂，你太天真了，但是我当年也一样，选择正确的方向坚持下去吧孩子。"

[5]

我曾经试图和一个因为年幼不懂事而闹僵的朋友和解。诚挚道歉之后，无果。

有点不知所措。

事情就一直搁置在那里。

昨天有个朋友意在和解。我难以理解究竟是为了安慰我还是为了减少他自己的愧疚感，还是真正地想继续做朋友。

纠结半天。

直到有人告诉我一句话："你澄澈就好。"

于是豁然开朗。

不想再去管是不是真心，我无愧于别人也无愧于自己。

［6］

抱着这样的信念，做好本分，顺其自然。

人情世故还是不擅长。依然还是棱角分明，依然还会热泪盈眶。

后来见惯了是是非非，就不想再在乎一些不关痛痒的言论。

感情和梦想都是太过于冷暖自知的东西，世界上没有感同身受这回事。

千帆过尽，繁华看透，世态炎凉，你只要坚定，不负他人不负自己，我澄澈就好。

你澄澈着，周围的世界也澄澈着。

活在世上就免不了要看见许多无法容忍的事情，但还是要忍下去。可是幸运的是，生活中也的的确确有很多温柔的时刻，让我觉得这世界还不算太差。

这世界，有时还真是温柔啊

[1]

昨天早晨去学校餐厅吃早饭，一进门就看见挂在墙上的电视里，正在直播男子乒乓团体赛。我一眼就看见了张继科和另一个搭档许昕。

"张继科！"我下意识地惊呼了一声，旁边两个正在看球的男生扭过头来看了一下，低下头去装作吃饭吃吃地偷笑。

第一局的时候，张继科和许昕不敌日本选手，以11比4暂时输给日本。这时候我对面的两个女孩子已经吃完了早餐，但没有动，依然紧盯着屏幕。

我一边吃饭一边给身边的朋友念叨："没事没事儿，有我们张继科呢……"

第二局比分险胜。卖饭的大叔本来靠着桌子，现在坐到了椅子上看。另外一个瘦瘦的卖汤大叔放下了手里的大勺子，伸长了脖子也盯着视频。中国队每得一分，他的嘴角就向上翘一下，可爱。

第三局，中国队刚超过日本，日本队的比分马上又赶上来，紧追不舍，几乎拉不开差距。在那一段神奇的时间里，整个餐厅里的人有着一种出奇的默契，全都放下了碗筷，安静地在看直播里的张继科和许昕。

身后戴眼镜的男生盯着屏幕放在嘴边的饼迟迟没有咬下去，卖饭大叔的饭碗一直端在手里，不苟言笑的餐厅老板站在POS旁边神情严肃地盯着屏幕，叽叽喳喳的女孩子突然也缄默。

10比9的时候，张继科拼命接住再过去的球对方没有接到，11比9！

整个餐厅又默契地爆发了一阵小小的欢呼声。我瞥见卖饭大叔悄悄攥起的拳头，他站起来把碗里的汤几口就喝掉了。对面的女孩子心满意足地拿起了书包离开，大家又恢复了之前说说笑笑的样子。

所有的人都在为一件事加油的那一刻，突然发觉，原来世界也有这么温柔的样子。

[2]

自习的教学楼因为要装修所以开始封楼。

吃过饭去拿书的时候，我扛着一书包书，肩膀被书包带勒得生疼，心里正抱怨着学校不人道，保洁阿姨看见了，满脸歉意的打招呼："孩子，真是对不起啊，因为要装修，噪音太大，换个地儿学习吧！"

可是阿姨你为什么要抱歉啊，这和你一点儿关系都没有啊。

心里的抱怨那一刻就被化解了。

[3]

整理以前的东西，发现了很多曾经被遗忘在角落里的纪念。

前任写的信，蓝色和粉色的信封，工整的字体，他特意去学的花体英文，现在看来略显矫情的语气。在时间的治愈下，曾经的不甘心、历经的酸楚和积累的怨恨，都已经消散了很多。

如今觉得，曾经在鲜活的时光里，被一个很棒的人全心全意地爱过，就算分开的时候也没有很狼狈，也算是被温柔以待了。

上一年过生日的时候，朋友送给我的用亮晶晶的彩纸包着的糖果。我伸手去把它从袋子里拿出来的时候，发现糖已经化了，黏在塑料袋上。我蹲在地上看着因为不舍得吃而化掉的糖果，想哭。把这事儿告诉另一个朋友，他说，这关系是得有多好。

好得不得了。全世界再也找不到他那样的人了。

我丢掉了糖。幸好还有一个被粘上糖水的小黄鸭可以留着，一捏它还会发出吱吱的响声。这世界也真是温柔，岁月是猝不及防的东西，很多年过去了，问一句，他还在呢，像监护人一样。

［4］

昨天下雨，一个朋友抱怨说，下大雨没有办法去吃饭。

我说可以点外卖啊。

他回，心疼外卖小哥，拒绝点外卖。

我一愣，想起来之前在朋友圈转发过一则快递小哥因为大雨而迟到被点餐者打耳光的曝光视频，转发的时候附加了一句话：下大雨的时候从不忍心点外卖。

后来下面有人评论："人家送外卖的就指着这个赚钱呢。"于是我也告诉他："你是不是傻啊，要是都像你这么想的话，人家送外卖的怎么赚钱啊？"

他回道："总会有人点的，你自己不点就可以了"。

有人心硬如石，便有人心软如丝，世界的温柔之处在于此。

［5］

看多了网上毫无逻辑的甚至脏话连篇价值观扭曲的文章，再看到百年前孤傲的文人们留下来的严厉清冷的不带烟火的文字，心里突然就有种很感动的感觉。

一直很喜欢日本的和歌和俳句。简单几句诗，在一个有限的空间里，能让心随境转。如：和泉式部的"白露残梦，现实虚幻。喻之皆太长。"永福门院的"秋月渐生远山衔，清空慢消一抹云。"诗人周邦彦一句"并刀如水，吴盐胜雪，纤手破新橙"，专注地看着对面的女子素手破橙，然后为她写出一句诗，让人觉得这种撩妹的境界真美。

这不是个认真的时代了。在一切都讲究套路的世界里，在这个支离破碎和流量为王的市场经济中，那些遗留下来的纯粹的认真的文字风骨和风花雪月，也真是这功利世界难得的温柔。

时代还会变好的吧。

[6]

你曾经说也要做个温柔且坚强的人。

可是在经历了好多事情以后才发现，温柔真的是需要好多技术支持才能拥有的品质啊。简单来说，一个倒霉蛋是没有办法温柔的，顶多称得上是柔弱。但温柔其实是一个强势的东西，只有特别强大的家伙才能给的，居高临下的东西。

一个软弱的人是没法给予别人温柔的。他早已陷入自己的泥沼里，无暇顾及生活中一闪而逝的美好和温柔时刻。迟钝的人也向来后知后觉，很难抓住甚至体会到世界的些许温柔。

[7]

有人一落笔就让人去拥抱生活，穷喊努力奋斗的人最伟大，有人永远"我爱你你却爱着他"总是一把眼泪加上一摊鼻涕加上点心理变态，再加上几句叹息。有人永远以利益和"十万＋"衡量得失，且把那些货色称为文学的边角料，对于这些，我发誓与之周旋到底。

我想我做不了影响时代的事情，但是我心里还存有文字人的英雄梦，起码能用一颗向好之心做点影响一个人两个人三个人的小事。这是我现在所能带给世界的温柔。

努力去变强大然后拥有温柔，分给世界。